円模様の描き方

定規とコンパスで描く美しい
対称図形

Deltaspektri
デルタスペクトリ

円模様の描き方：
定規とコンパスで描く美しい対称図形
ミュージッグフィスタジオ

英題「Drawing Circle Images」から翻訳されたものです。
日本語翻訳は、鈴木茜氏による校正がなされています。

発行所
Deltaspektri
デルタスペクトリ
エスポー（フィンランド）

ISBN 978-952-68217-1-9

目次

円模様の描き方

ほとんどの円模様を利用した対称図形は 4 つのステップを踏むことで完成します。不要な線をあとから消せるように、下書きは鉛筆で描くようにしましょう。

どの描画も、最初に紙の中央に円を描くところから始まります。円の半径は、紙のサイズに応じて自分で決めることができますが、巻末（46 ページ）に A4 用紙と A3 用紙を使用する際に目安となる半径も記載されているので参考にしてください。

円ではなく、弧（円の一部）を利用して描く対称図形もあります。描画に必要な弧の長さは作図する図によってそれぞれ決まります。

定規とコンパスによる作図

定規とコンパスで行う作図には２通りの方法があります。１つは、定規を長さを測るためではなく直線をひく道具としてのみ使う方法です。三回、四回、五回、六回、八回 、十回、十二回対称形はこの方法で作図をすることができます。

もう１つの方法は、定規で長さを測りながら作図をする方法です。七回、九回、十一回対称形はこの方法で作図します。四回、五回、八回、十回対称形はどちらの方法でも作図することができます。

三回対称形

1.

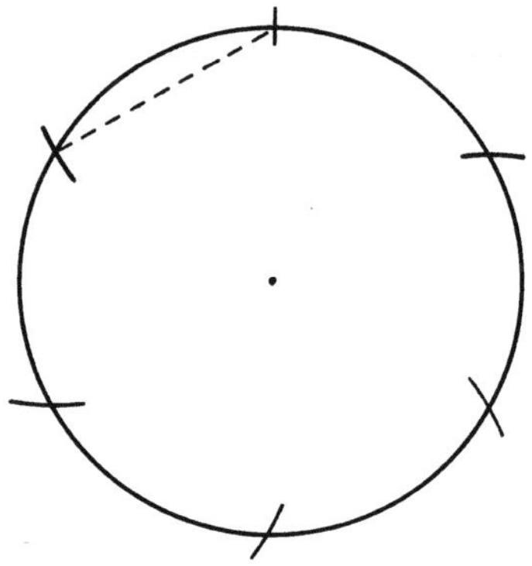

2.

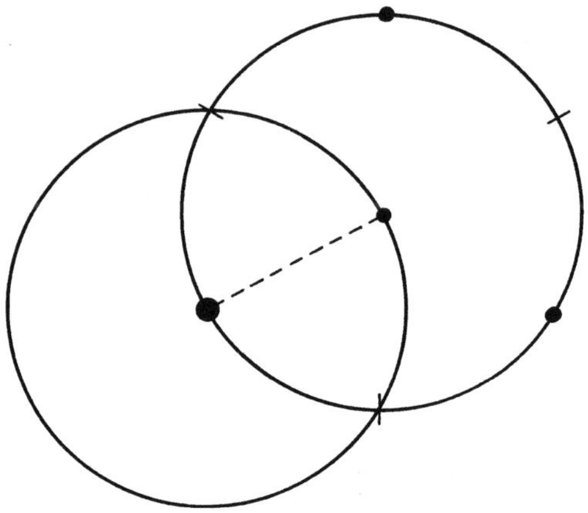

3.

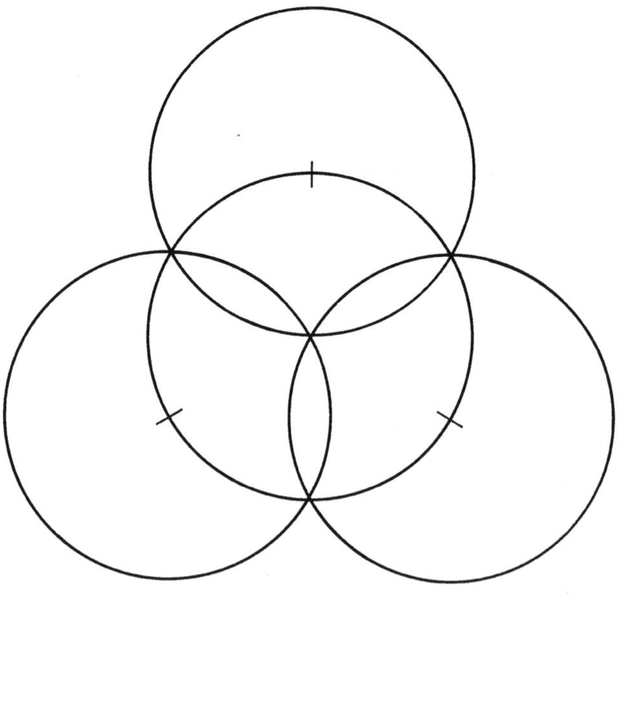

4.

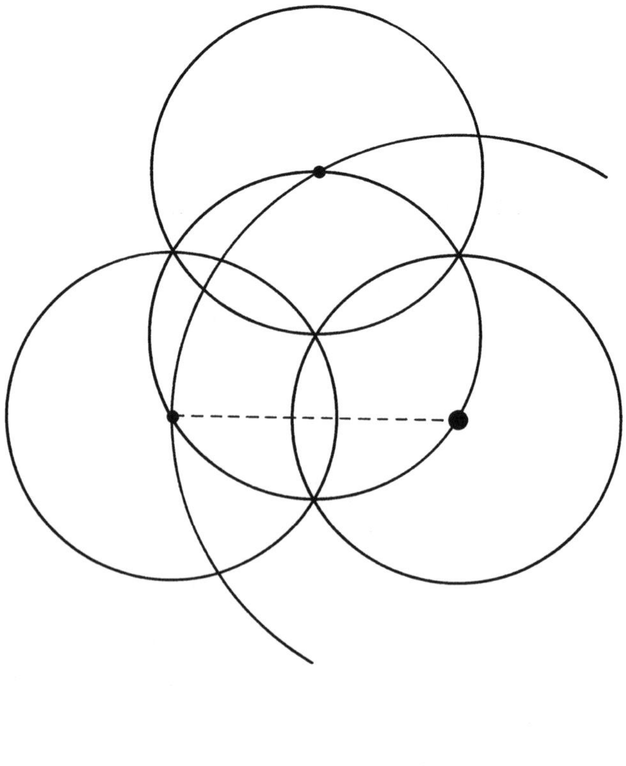

三回対称形

1. 紙の中央に円を描きます（A4 用紙に描く場合、半径 4.5 cm の円が目安になります）。コンパスを同じ半径に保ったまま、円周上の任意の点から短い弧を描き、はじめの円の円周との交点をとります。この交点から同様に短い弧を描き、次の交点をとります。これを繰り返して円周上に 6 つの点をとります。

2. コンパスを同じ半径に保ったまま、6 点のうちの任意の点を中心として次の円を描きます。

3. ステップ 2 で選んだ任意の点より 1 つおきに中心をとって、2 つ円を描き足します。

4. ステップ 2 で描いた円の中心と、ステップ 3 で描いた円の中心を結んだ長さを半径とした大きな弧を描きます（左図 4 参照）。その半径を保ったまま、ステップ 2 と 3 で描いた円の中心からも大きな弧を 2 つ描きます。

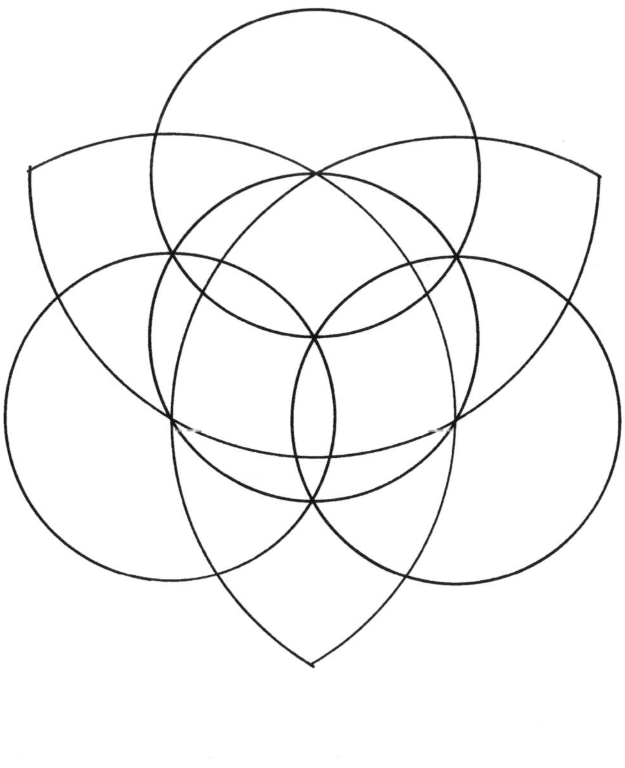

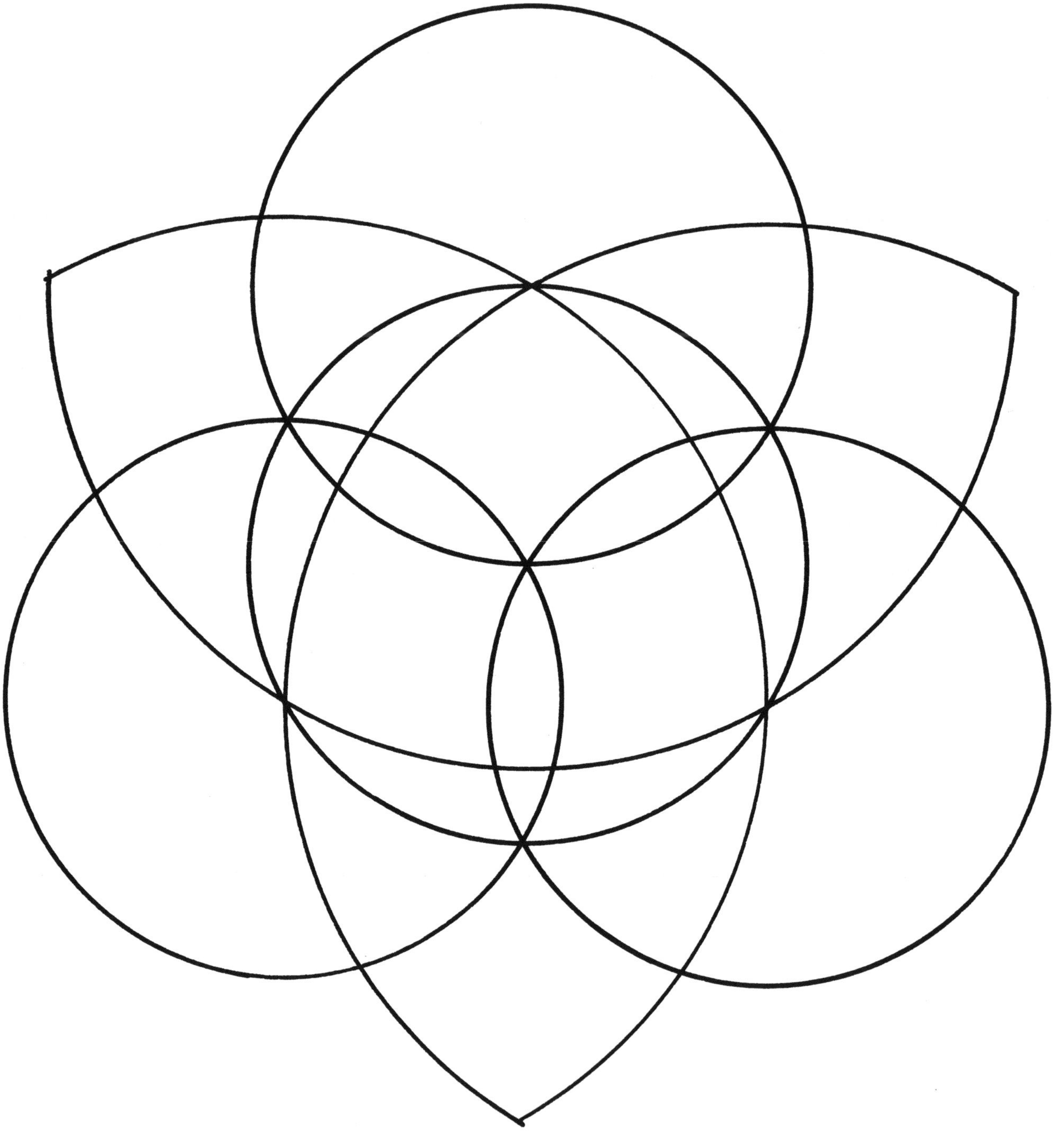

三回对称形

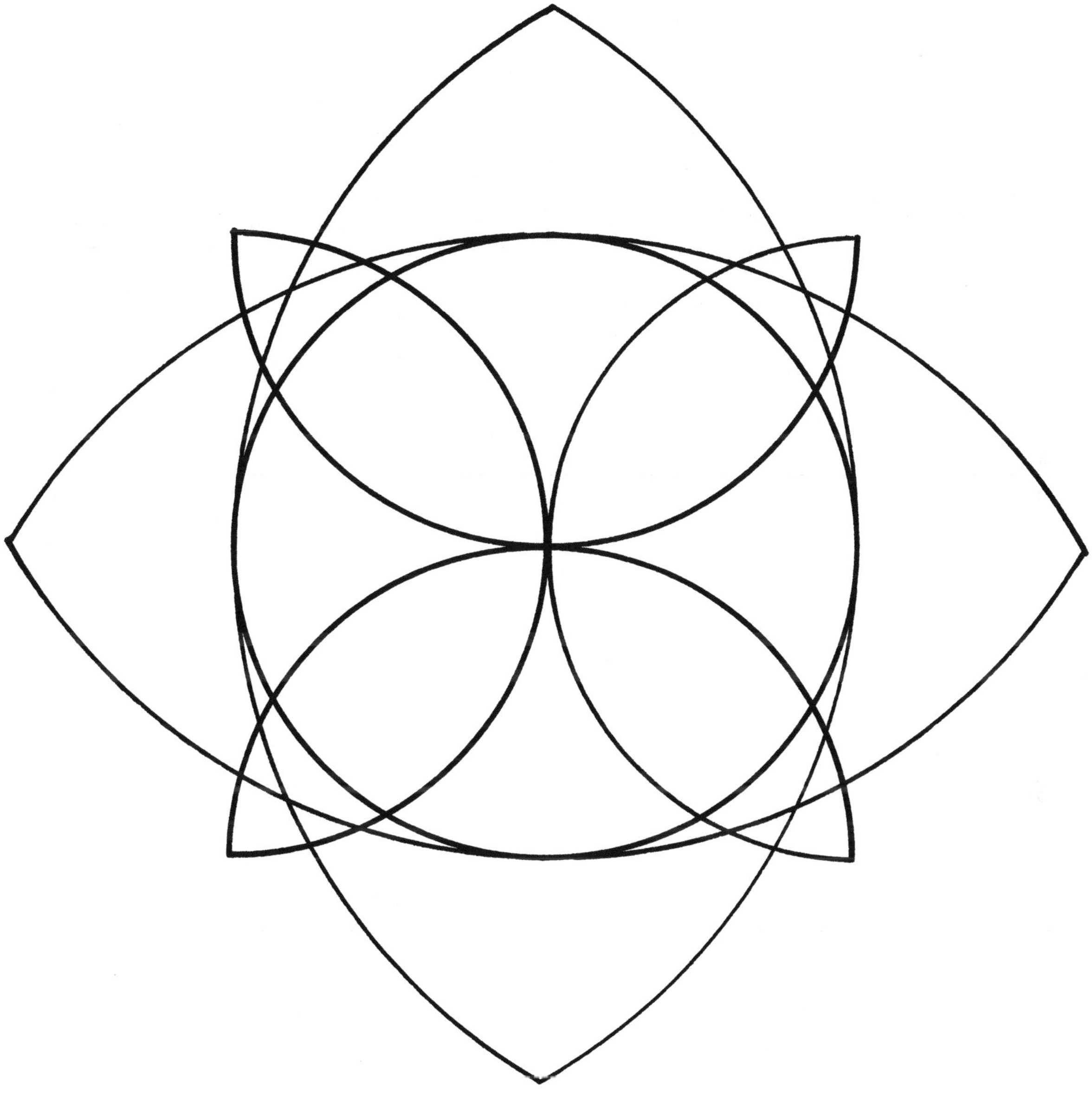

四回対称形

四回对称形

1.

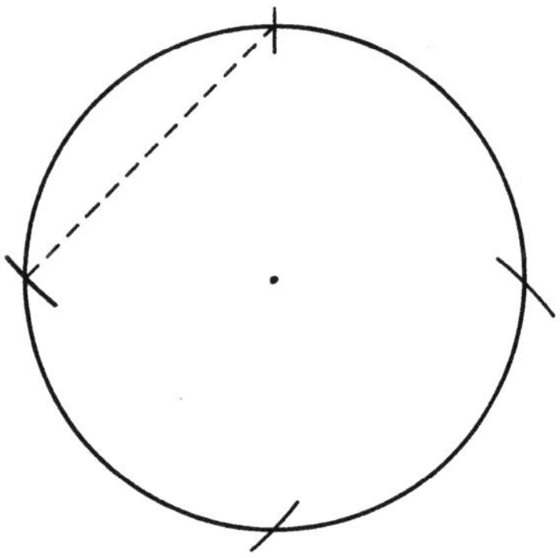

2.

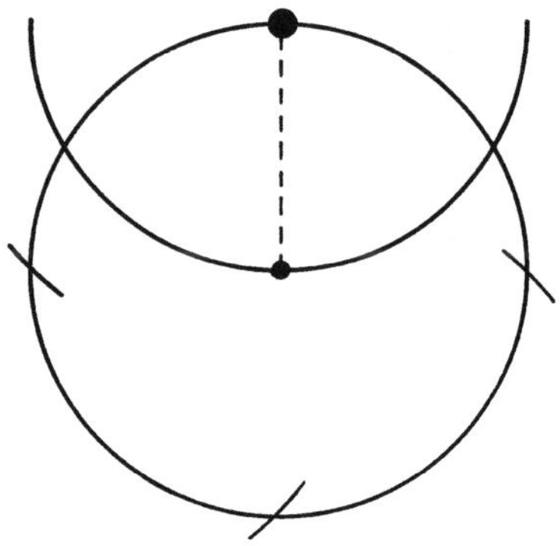

3.

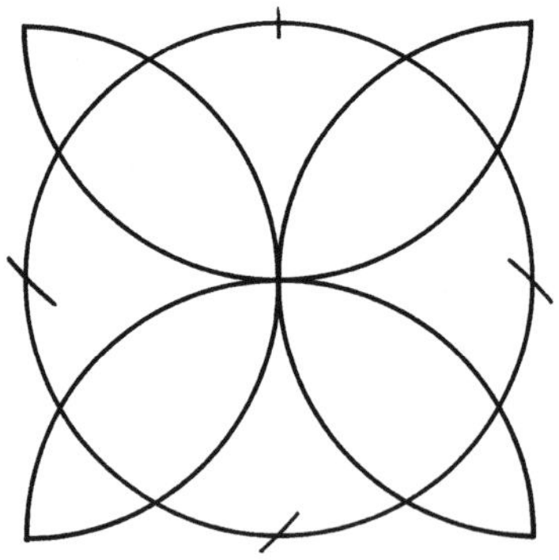

4.

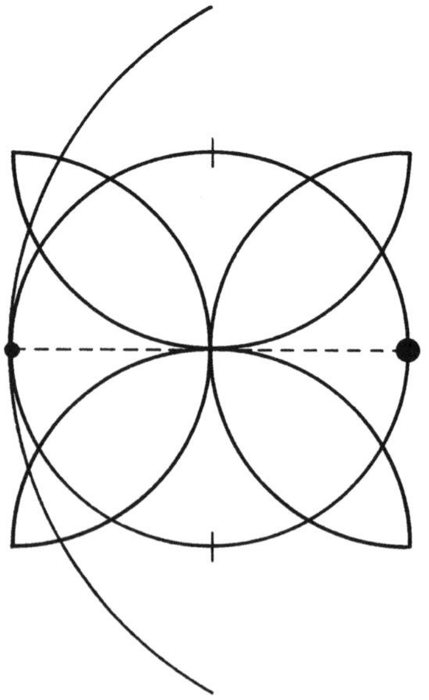

四回対称形

1. 紙の中央に円を描きます（A4 用紙に描く場合、半径 4.5 cm の円が目安になります）。円を四等分します。円を四等分するには 44 ページを参考に描く方法と、46 ページの表に記載された半径の長さを使う方法があります。46 ページの表の半径を使う場合は、まず円周上の任意の点から短い弧を描き、はじめの円の円周との交点をとります。この交点から同様に短い弧を描き、円周上に次の交点をとります。これを繰り返して四等分点をとります。

2. コンパスを最初の円の半径に戻して、4 点のうちの任意の点を中心として弧を描きます（左図 2 参照）。

3. ステップ 2 で選んだ任意の点以外の 3 点を中心とする弧を描き足します。

4. 最初に描いた円周上の 4 点のうち、向かい側の 2 点の距離（すなわち最初の円の直径）を半径とした大きな弧を描きます（左図 4 参照）。その半径を保ったまま、他の 3 点を中心とする大きな弧を 3 つ描きます。

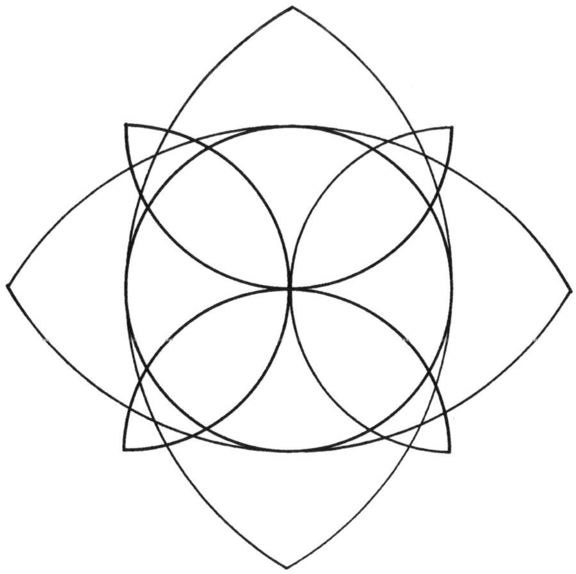

五回对称形

1.

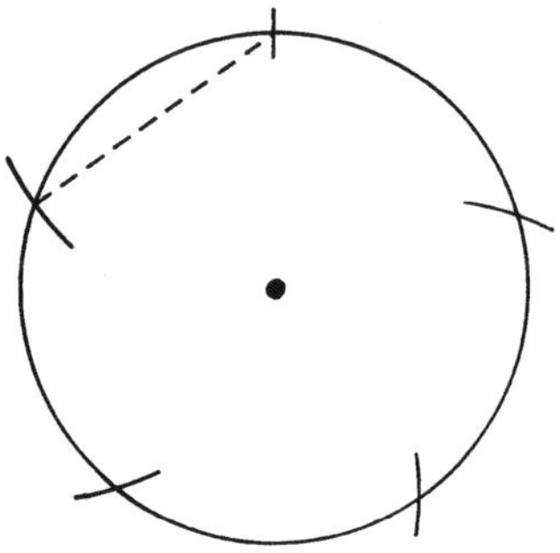

2.

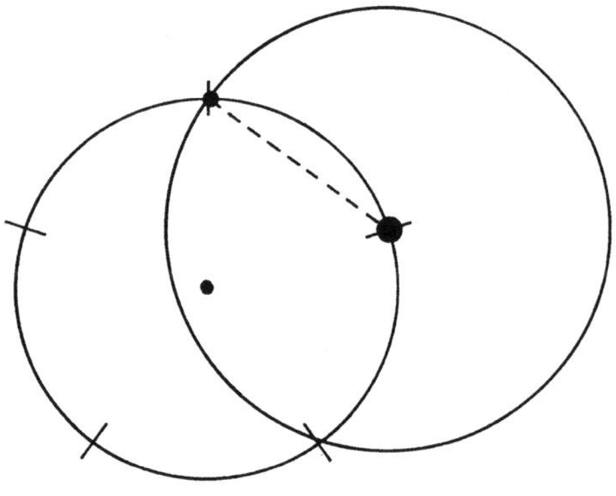

3.

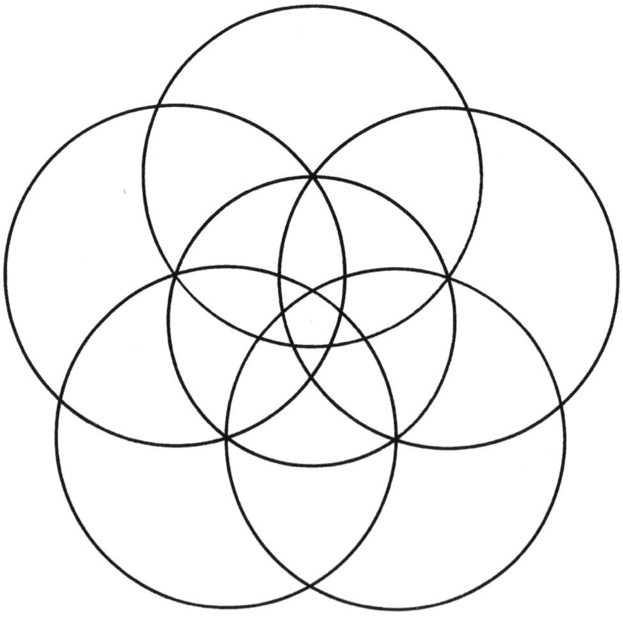

4.

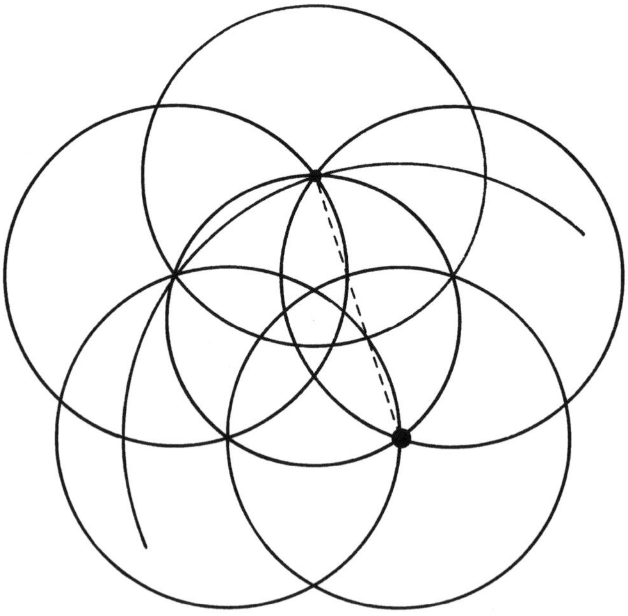

五回対称形

1. 紙の中央に円を描きます（A4 用紙に描く場合、半径 3.9 cm の円が目安になります）。円を五等分します。円を五等分するには 41～43 ページを参考に描く方法と、46 ページの表に記載された半径の長さを使う方法があります。46 ページの表の半径を使う場合は、まず円周上の任意の点から短い弧を描き、はじめの円の円周との交点をとります。この交点から同様に短い弧を描き、円周上に次の交点をとります。これを繰り返して五等分点をとります。

2. コンパスを同じ半径に保ったまま、5 点のうちの任意の点を中心として次の円を描きます。

3. ステップ 2 で選んだ任意の点以外の 4 点を中心とする円を描き足します。

4. 最初に描いた円周上の 5 点のうち、1 つおきの 2 点の距離を半径とした大きな弧を描きます（左図 4 参照）。その半径を保ったまま、他の 4 点を中心とする大きな弧を 4 つ描きます。

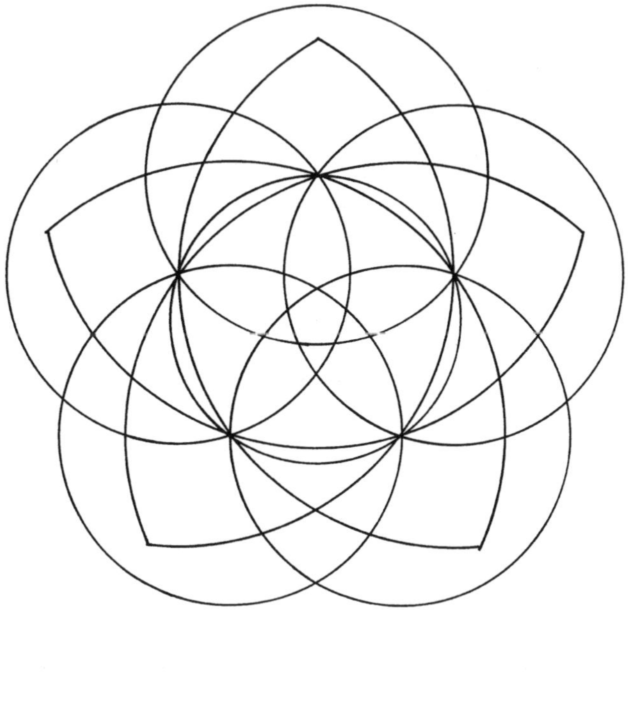

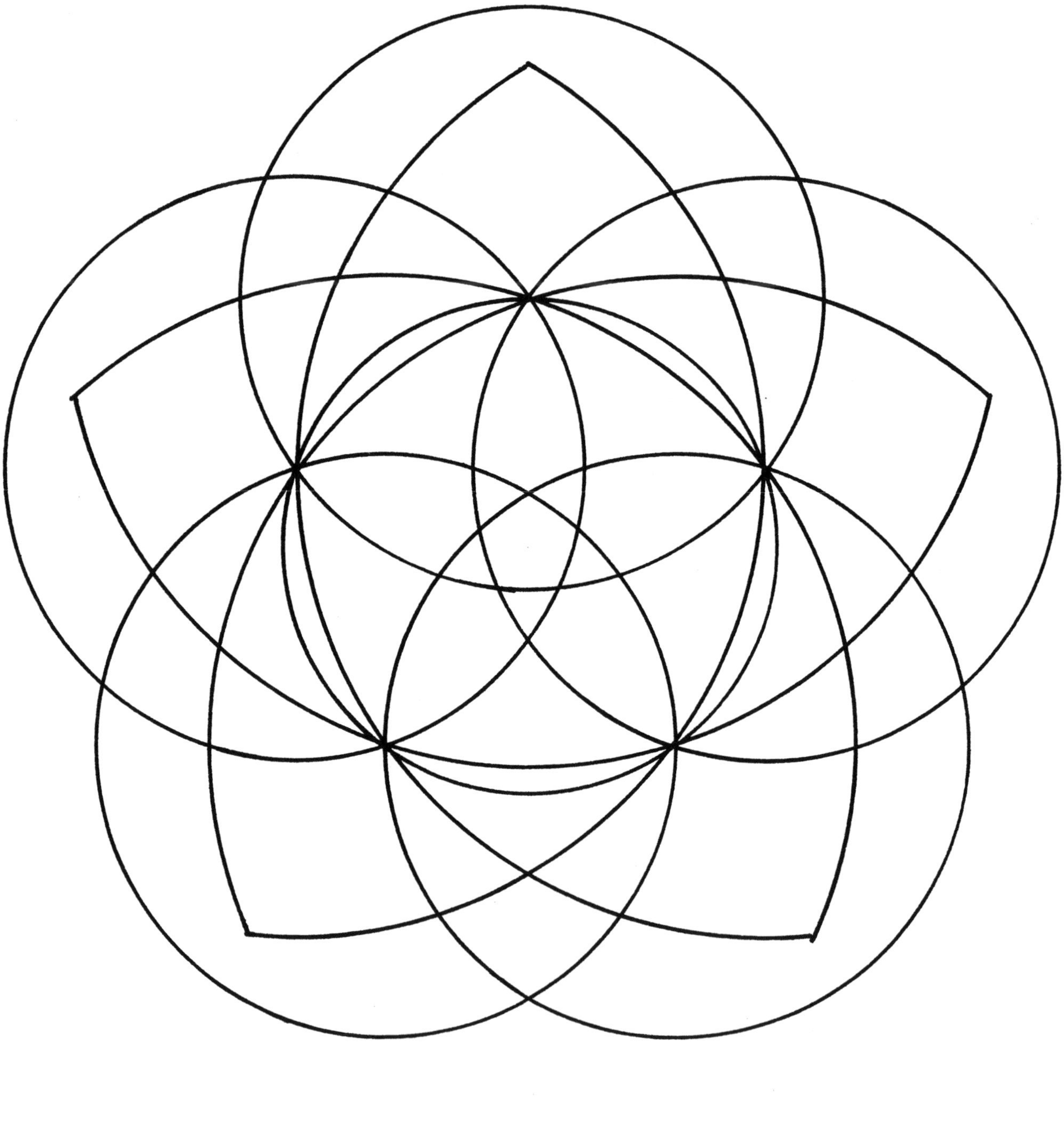

五回対称形

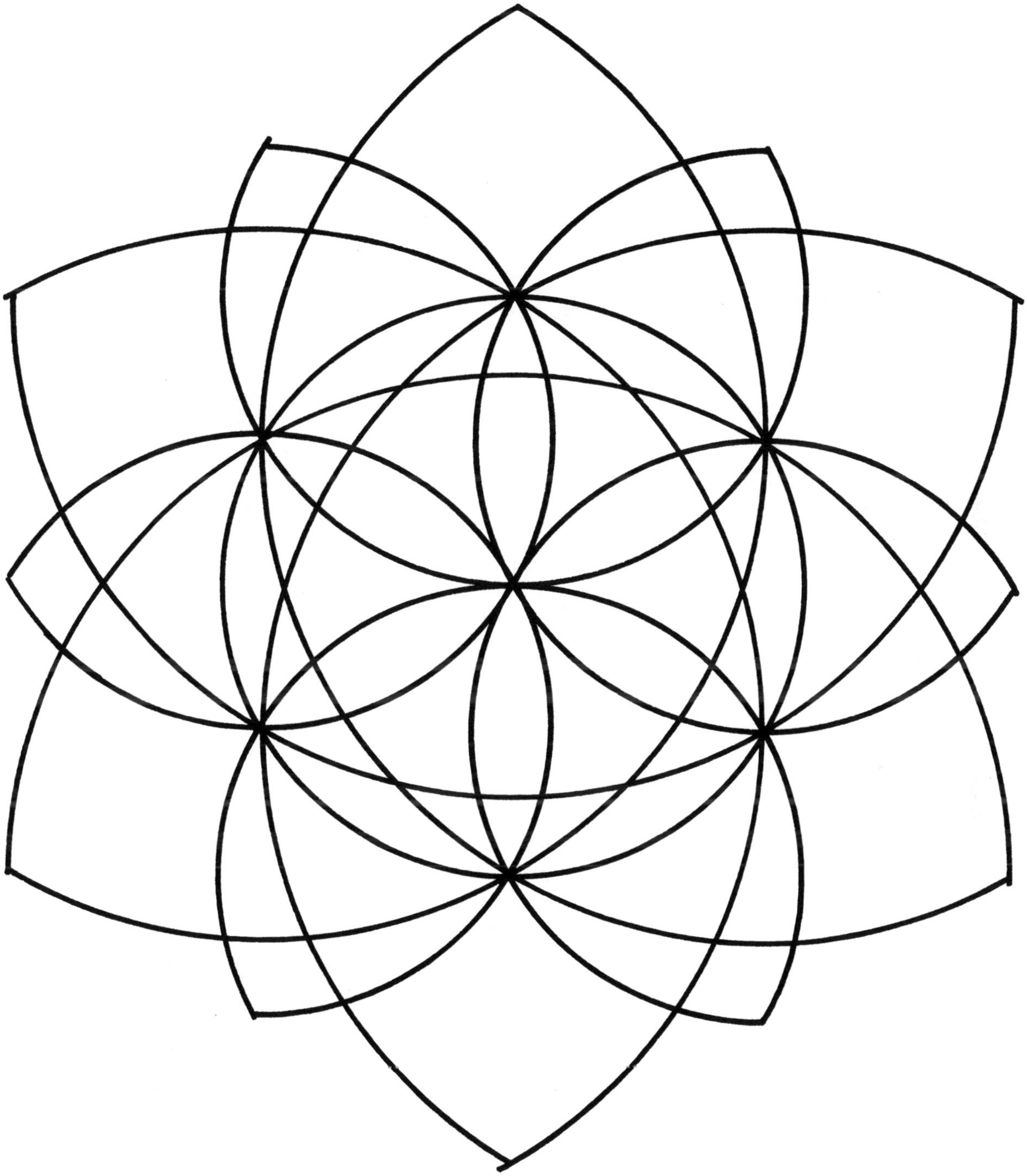

六回対称形 I

六回対称形 I

1.

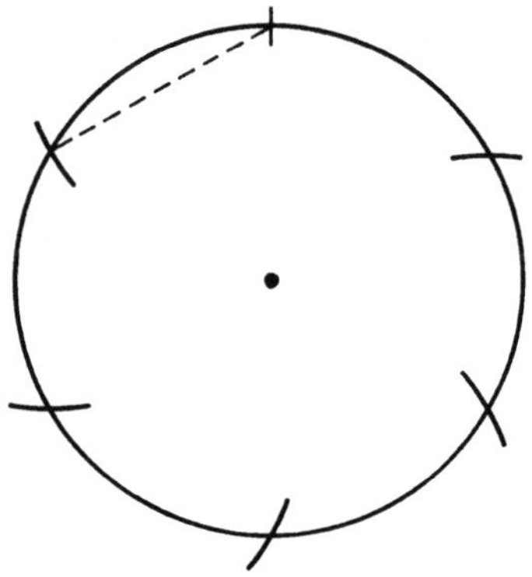

2.

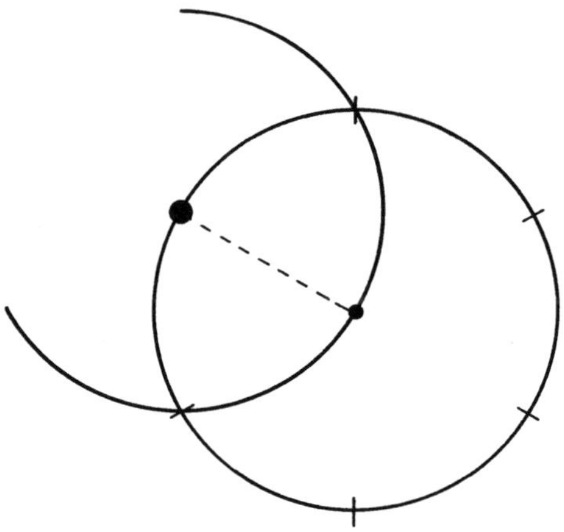

3.

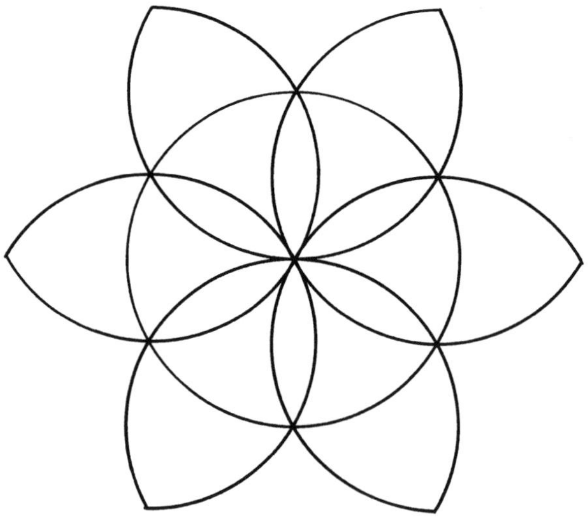

4.

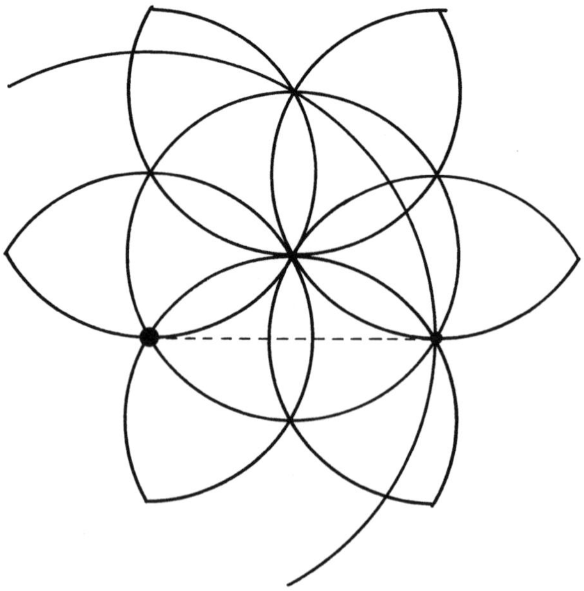

六回対称形 I

1. 紙の中央に円を描きます（A4 用紙に描く場合、半径 4.5 cm の円が目安になります）。コンパスを同じ半径に保ったまま、円周上の任意の点から短い弧を描き、はじめの円の円周との交点をとります。この交点から同様に短い弧を描き、次の交点をとります。これを繰り返して円周上に 6 つの点をとります。

2. コンパスを同じ半径に保ったまま、6 点のうちの任意の点を中心として長い弧を描きます（左図 2 参照）。

3. ステップ 2 で選んだ任意の点以外の 5 点を中心とする弧を描き足します。

4. 最初に描いた円周上の 6 点のうち、1 つおきの 2 点の距離を半径とした大きな弧を描きます（左図 4 参照）。その半径を保ったまま、他の 5 点を中心とする大きな弧を 5 つ描きます。

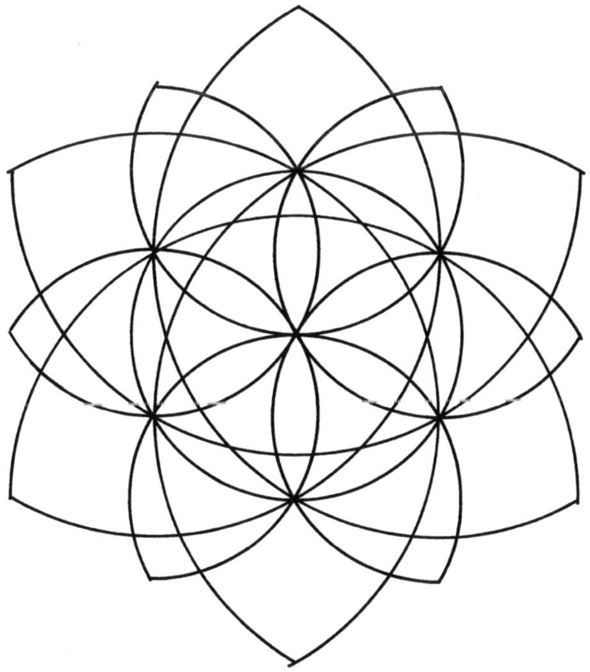

六回対称形 II

1.

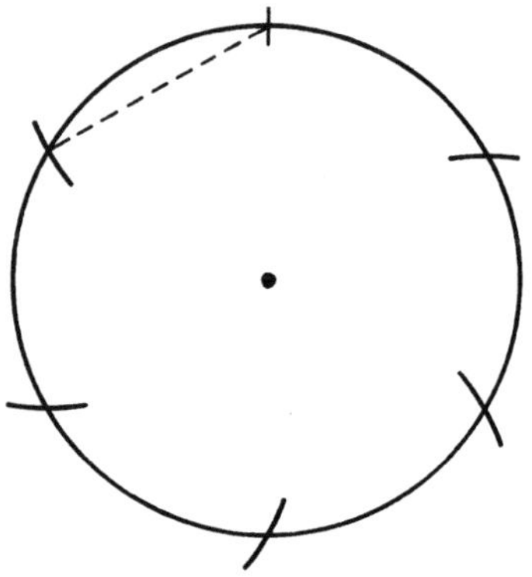

2.

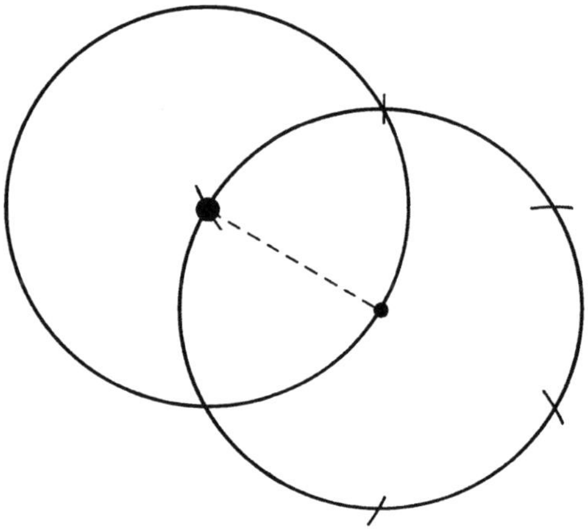

3.

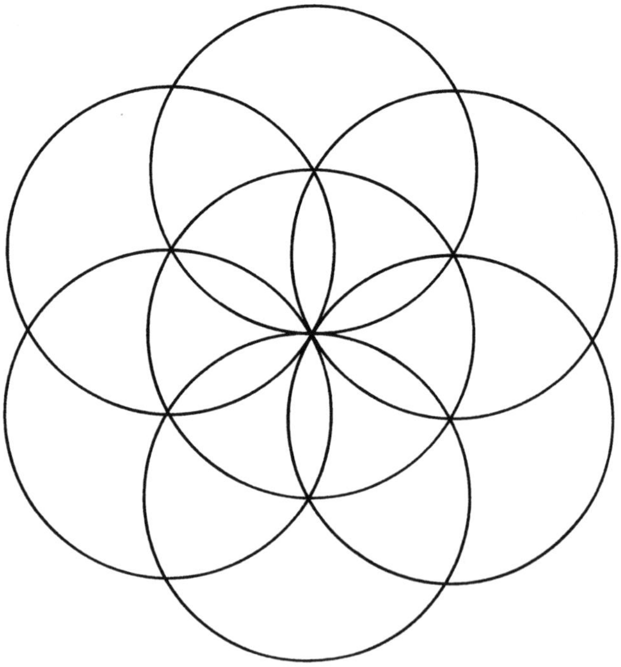

4.

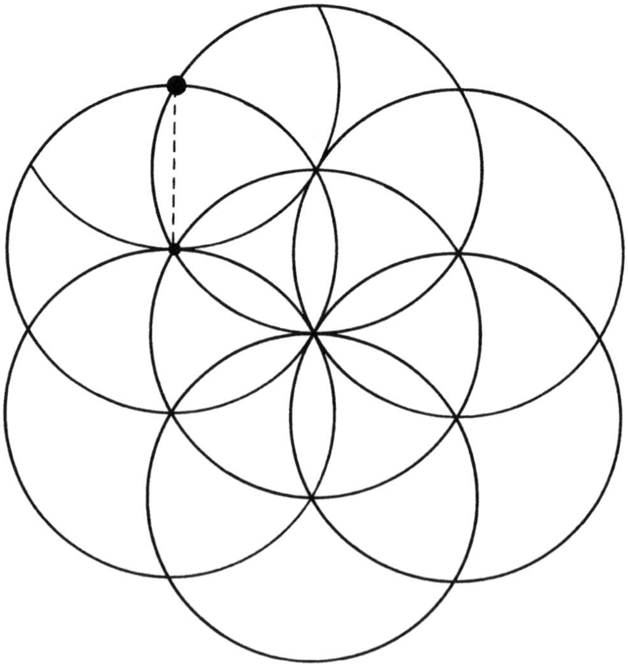

六回対称形 II

1. 紙の中央に円を描きます（A4 用紙に描く場合、半径 3.3 cm の円が目安になります）。このコンパスの半径は最後のステップ 8 までずっと変えません。円周上の任意の点から短い弧を描き、はじめの円の円周との交点をとります。この交点から同様に短い弧を描き、次の交点をとります。これを繰り返して円周上に 6 つの点をとります。

2. コンパスを同じ半径に保ったまま、6 点のうちの任意の点を中心として次の円を描きます。

3. ステップ 2 で選んだ任意の点以外の 5 点を中心とする円を描き足します。

4. 図形の外周上で新しく描いた円 2 つが交わる点を中心として、外周から外に出ないように弧を描きます。

5.

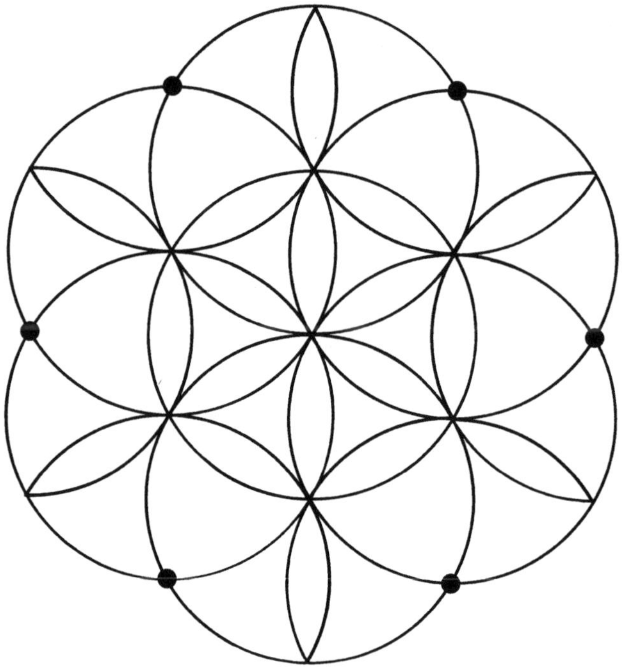

6.

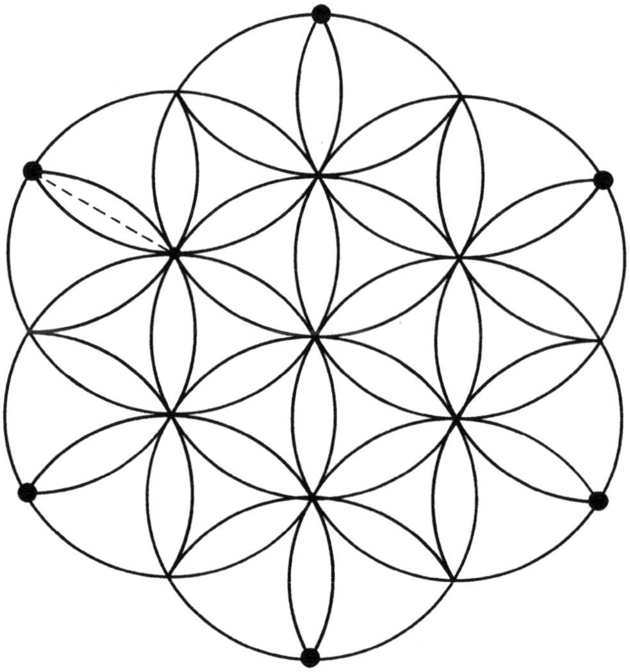

7.

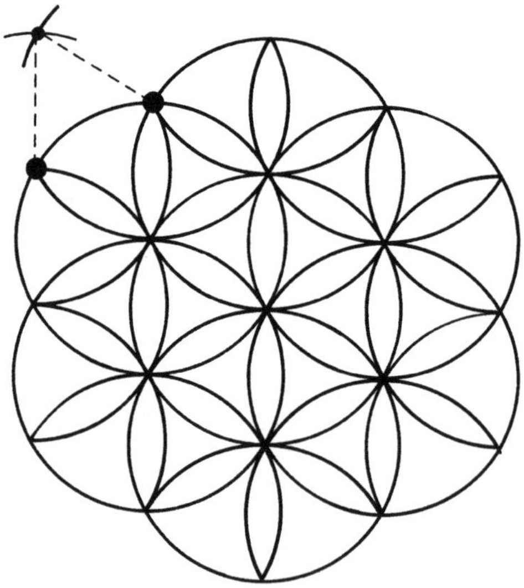

8.

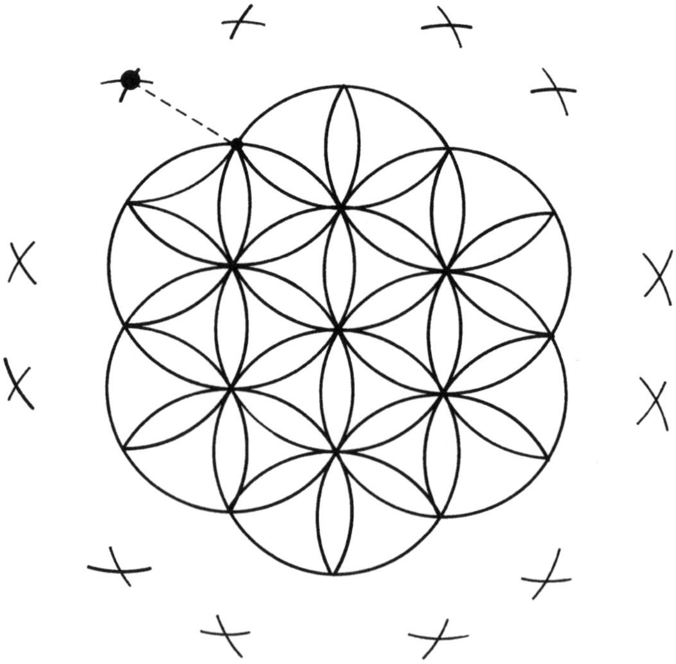

5. ステップ 4 を繰り返して、残り 5 つの交点を中心とする弧も描きます。

6. 外周の最も外側の点を中心として、同じ半径で外周から外に出ないように弧を描きます。これを繰り返して、残りの 5 つの交点を中心とする弧も描きます。

7. ステップ 6 で使った点を中心として、同じ半径で外周の外側に短い弧を描きます。また、隣の交点(ステップ 4 と 5 で使った点)を中心として、同じ半径で外周の外側に短い弧を描いて、先に描いた弧との交点をとります。

8. ステップ 7 を繰り返して、外側に 12 個の交点をとります。各点より同じ半径で外周の内側に短い弧を描きます。

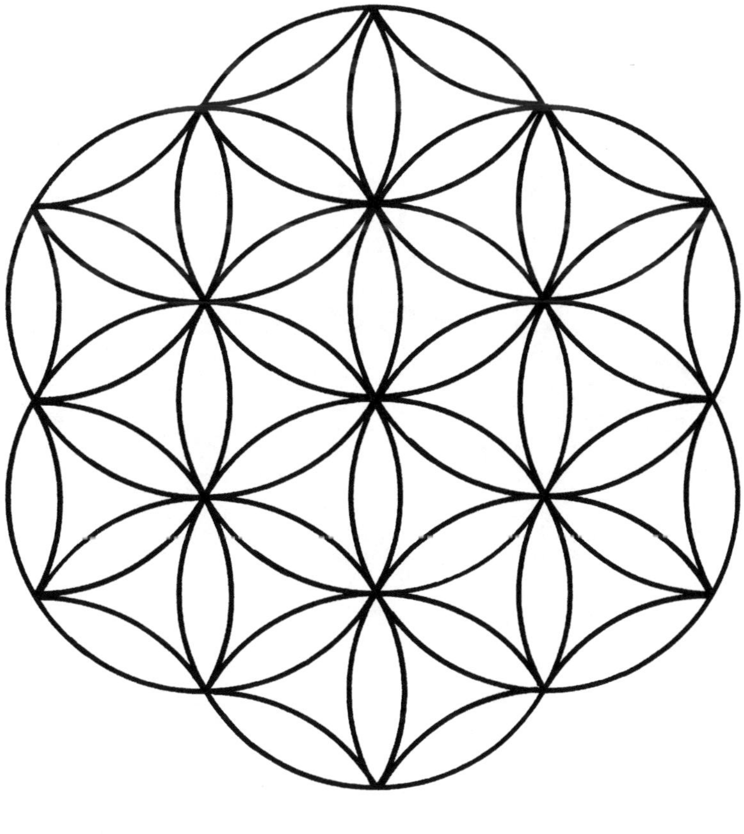

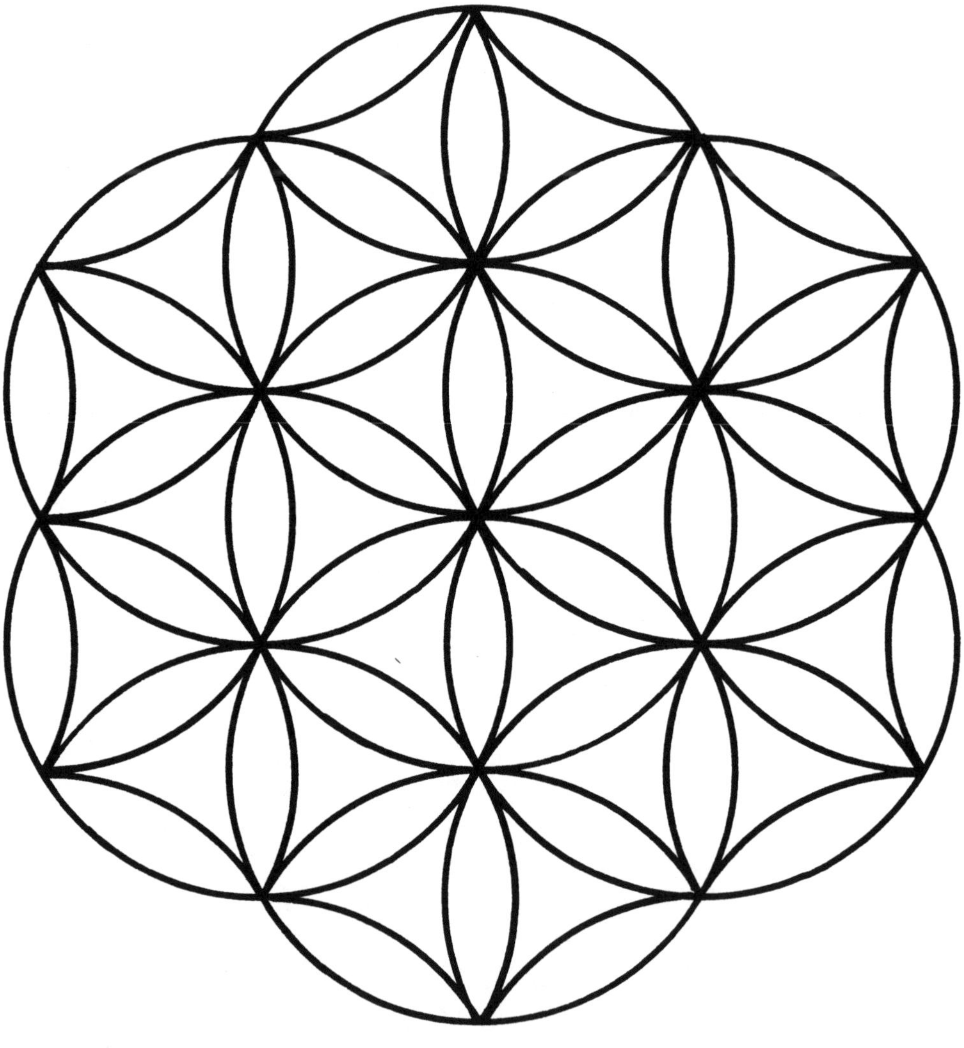

六回対称形 II

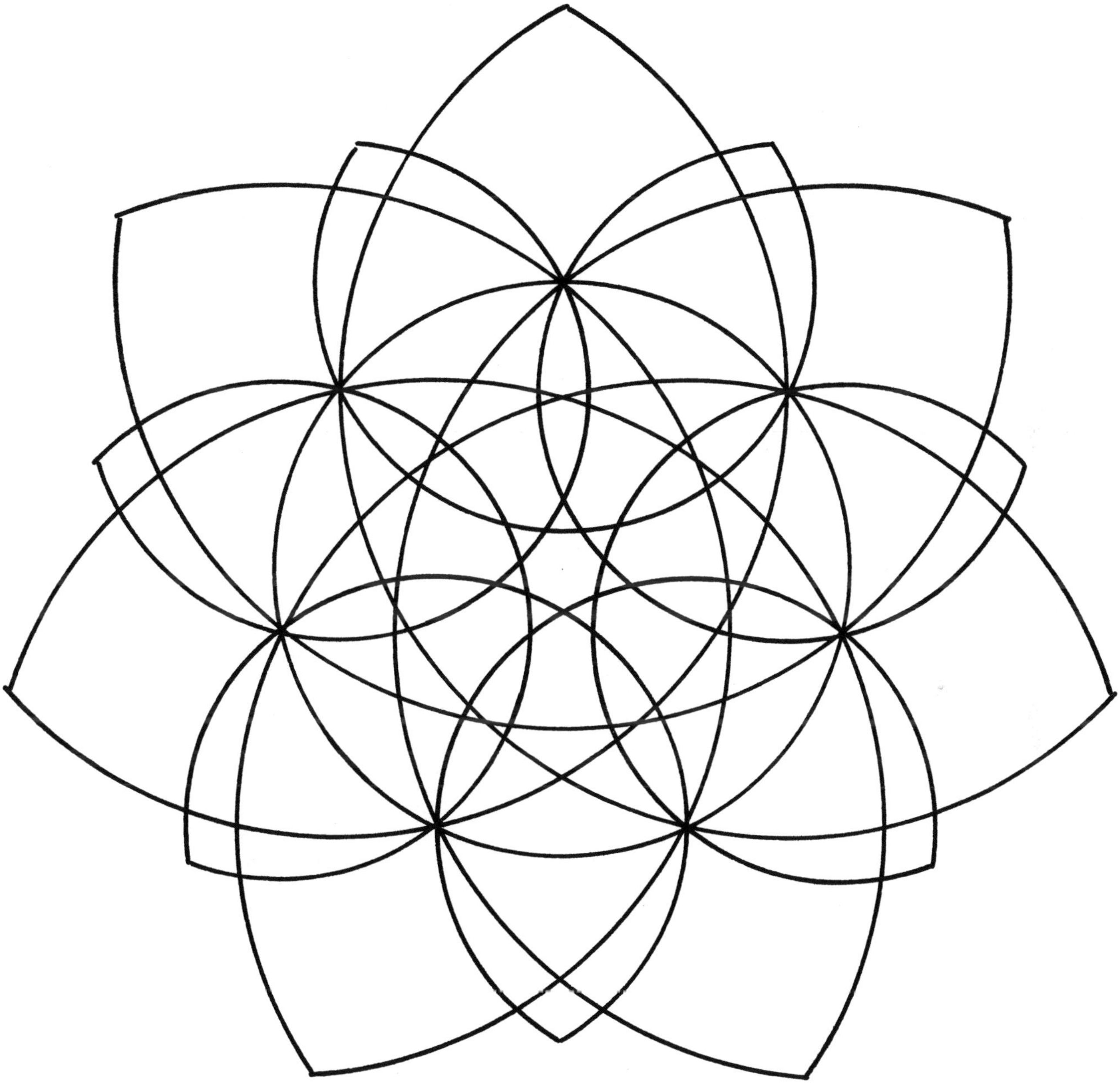

七回对称形

七回对称形

1.

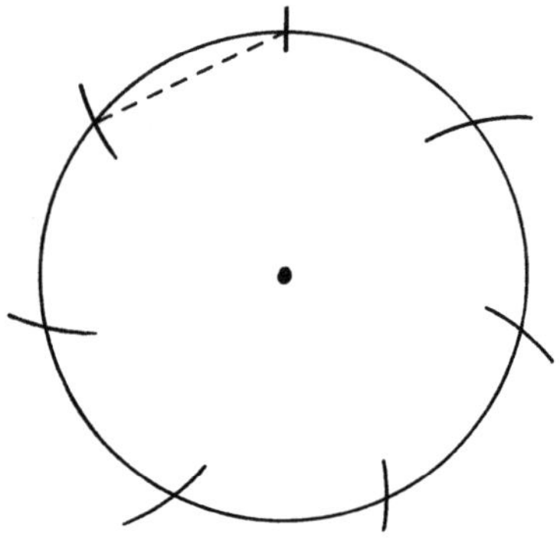

2.

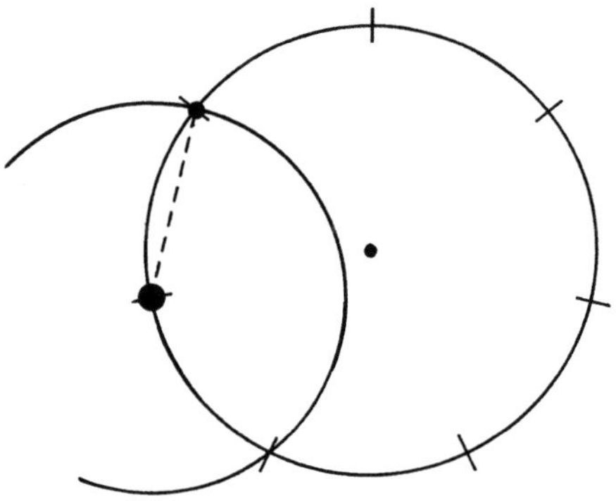

3.

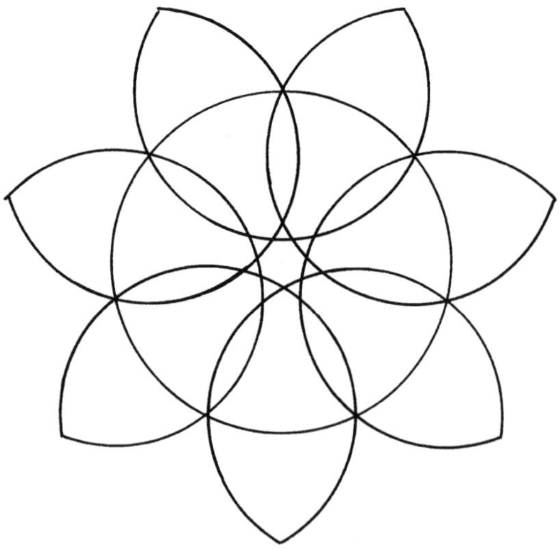

4.

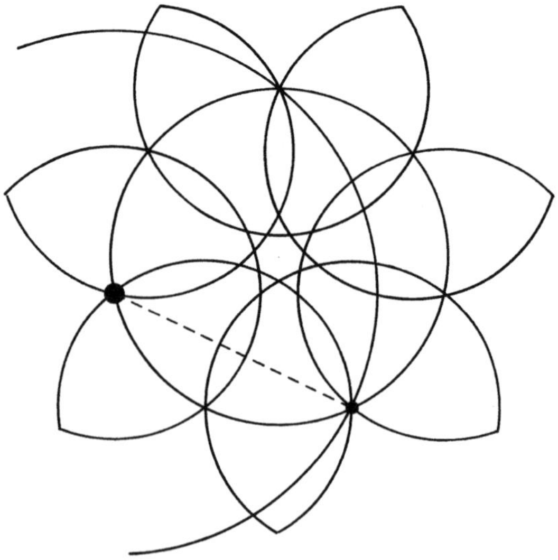

七回対称形

1. A4 用紙の中央に半径 4.3 cm の円を描きます(A3 用紙を使用する場合の円の半径は 46 ページの表を参照してください)。A4 用紙を使用している場合は、次にコンパスを 3.7 cm に開いて、この半径で円周上の任意の点から短い弧を描き、はじめの円の円周との交点をとります。この交点から同様に短い弧を描き、円周上に次の交点をとります。これを繰り返して円周上に 7 つの点をとります。

2. コンパスを同じ半径に保ったまま、7 点のうちの任意の点を中心として長い弧を描きます(左図 2 参照)。

3. ステップ 2 で選んだ任意の点以外の 6 点を中心とする弧を描き足します。

4. 最初に描いた円周上の 7 点のうち、1 つおきの 2 点の距離を半径とする大きな弧を描きます(左図 4 参照)。その半径を保ったまま、他の 6 点を中心とする大きな弧を 6 つ描きます。

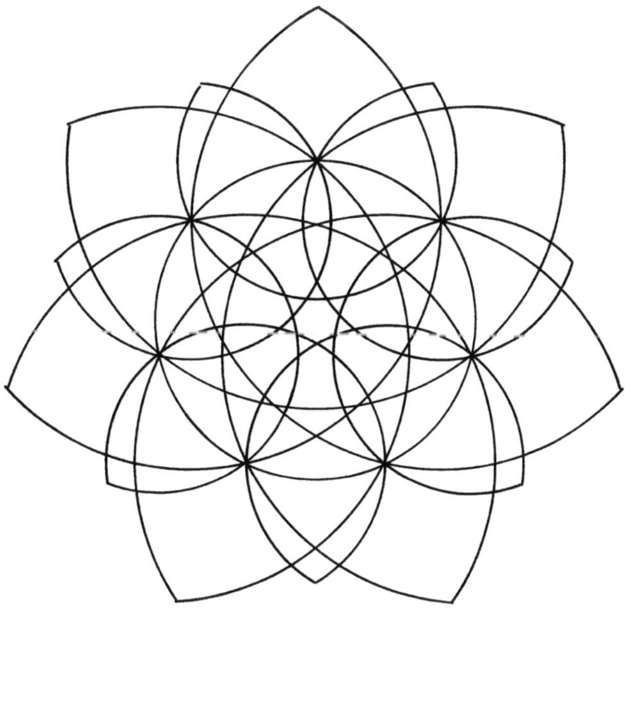

八回对称形

1.

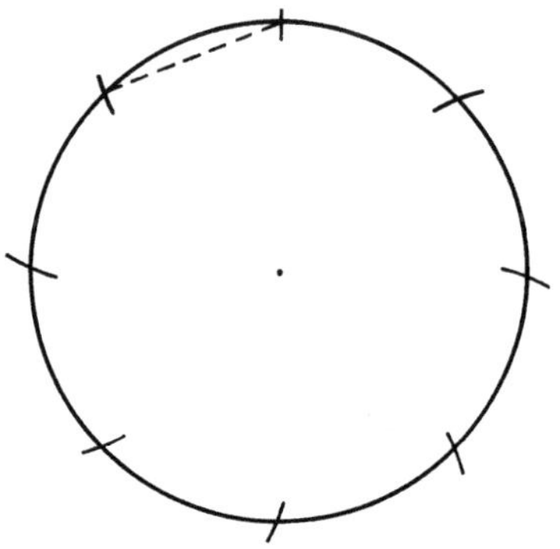

2.

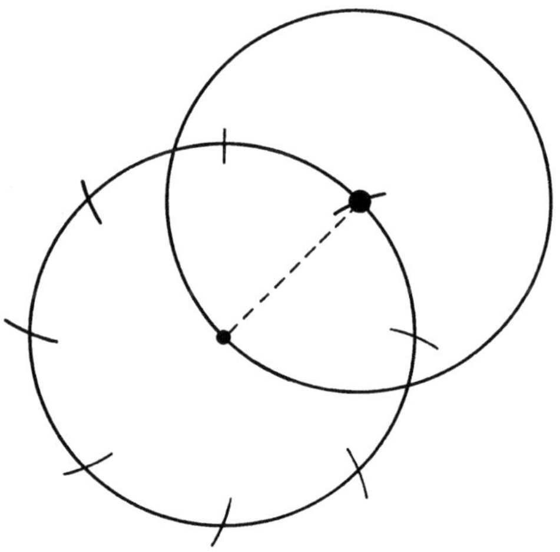

3.

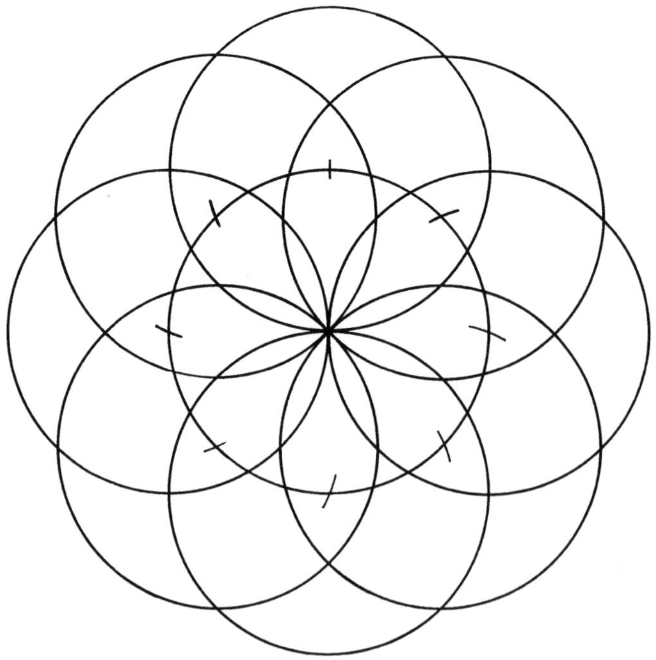

4.

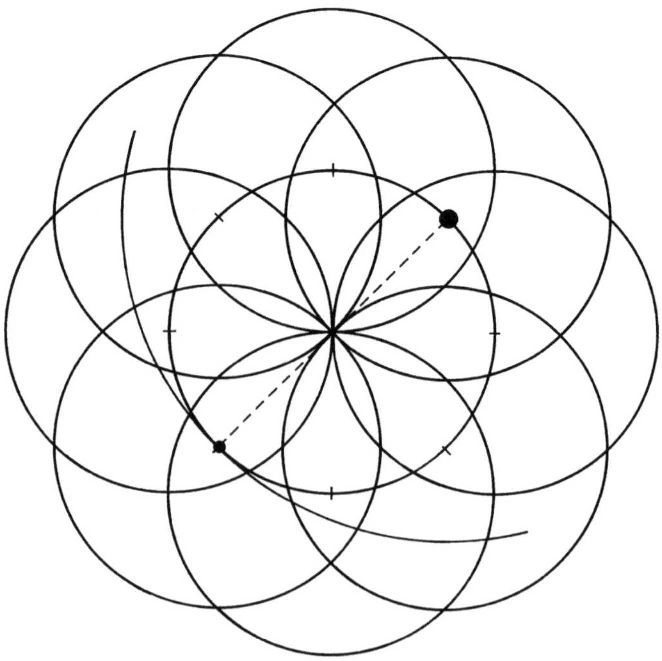

八回対称形

1. 紙の中央に円を描きます（A4 用紙に描く場合、半径 4.3 cm の円が目安になります）。円を八等分します。円を八等分するには 44～45 ページを参考に描く方法と、46 ページの表に記載された半径の長さを使う方法があります。46 ページの表の半径を使う場合は、まず円周上の任意の点から短い弧を描き、はじめの円の円周との交点をとります。この交点から同様に短い弧を描き、円周上に次の交点をとります。これを繰り返して円周上に 8 つの点をとります。

2. コンパスを最初の円の半径に戻して、8 点のうちの任意の点を中心として円を描きます。

3. ステップ 2 で選んだ任意の点以外の 7 点を中心とする円を描き足します。

4. 最初に描いた円周上の 8 点のうち、向かい側の 2 点の距離（すなわち最初の円の直径）を半径とした大きな弧を描きます（左図 4 参照）。その半径を保ったまま、他の 7 点を中心とする大きな弧を 7 つ描きます。

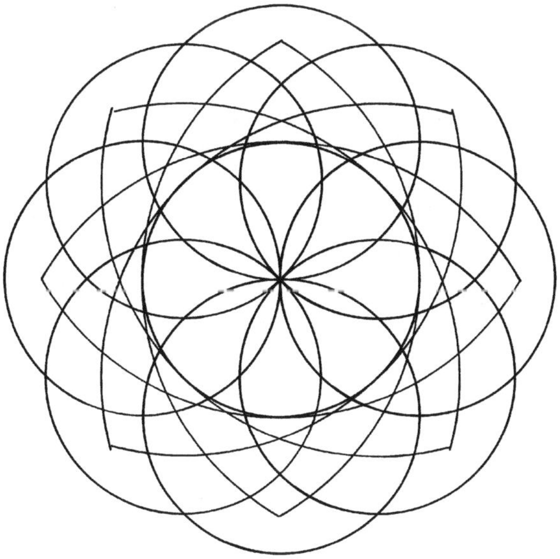

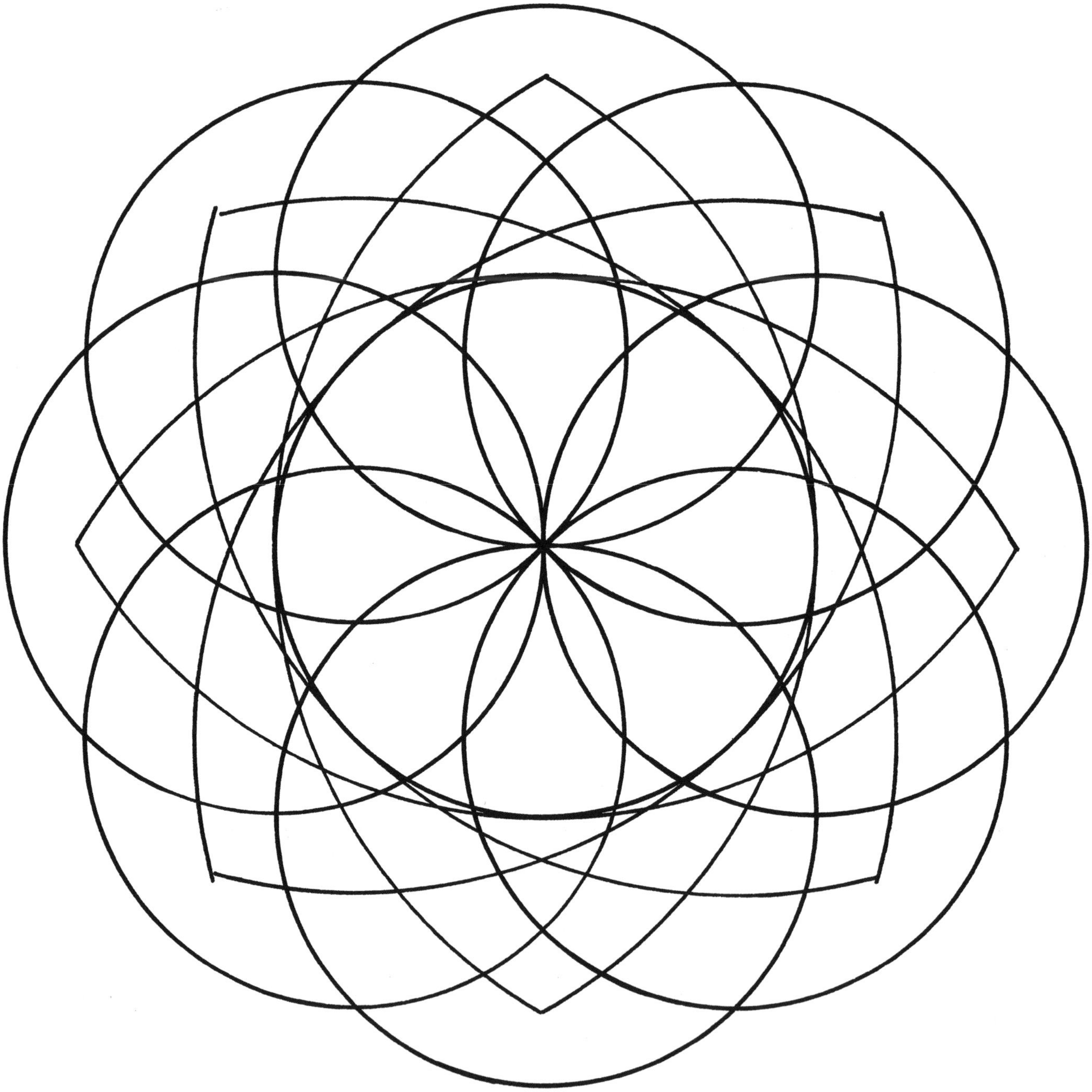

八回对称形

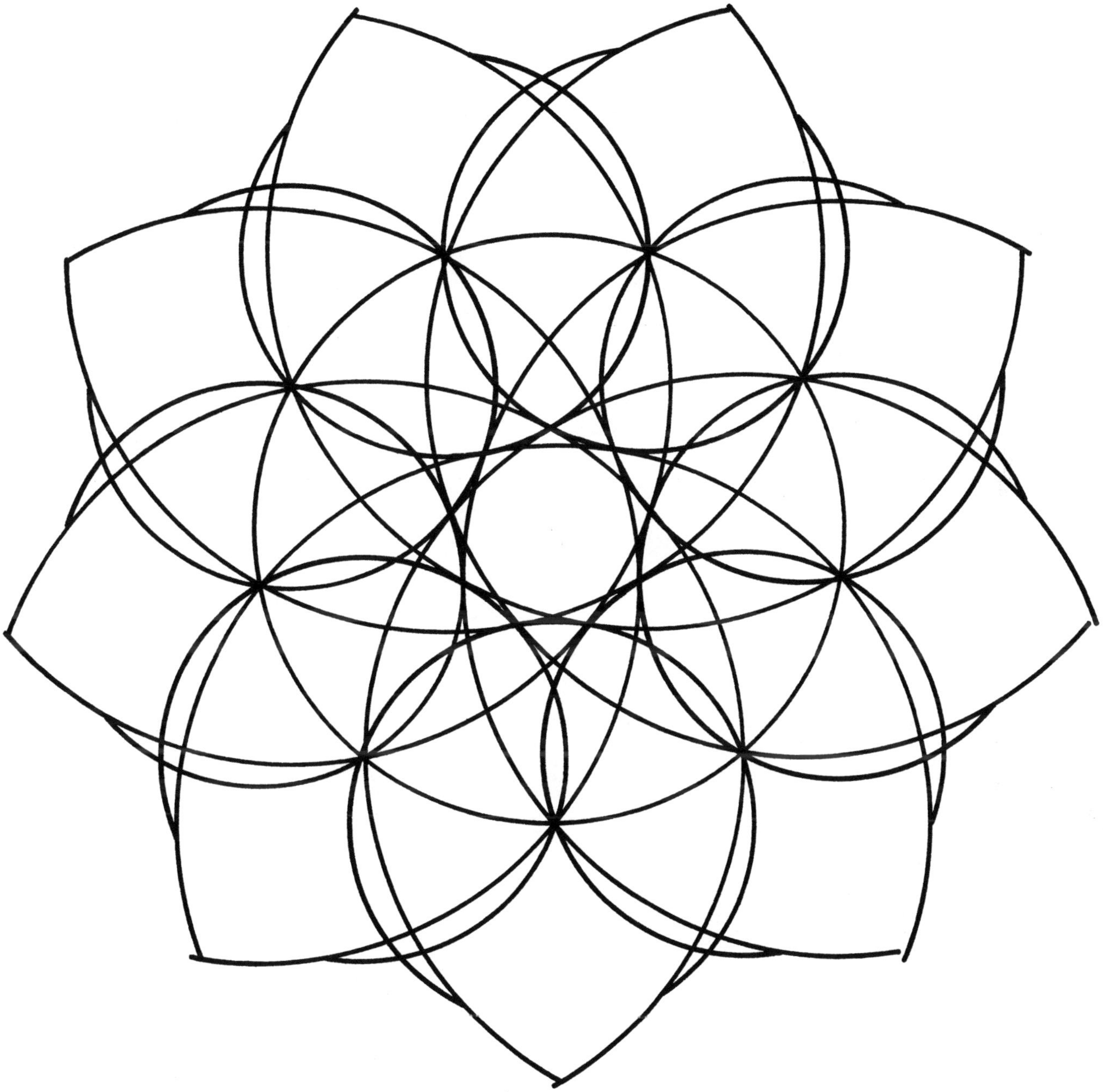

九回对称形

九回对称形

1.

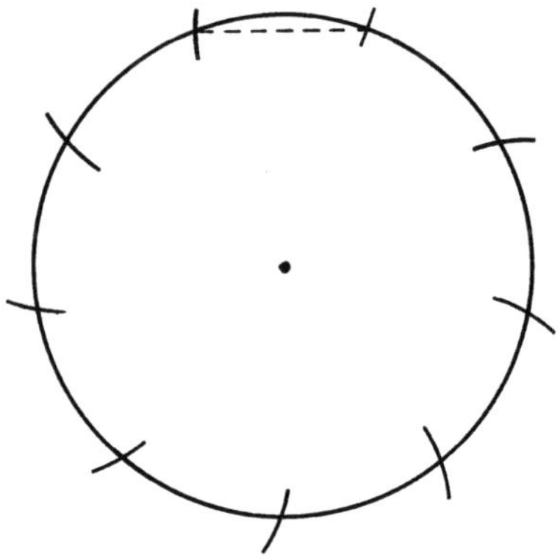

2.

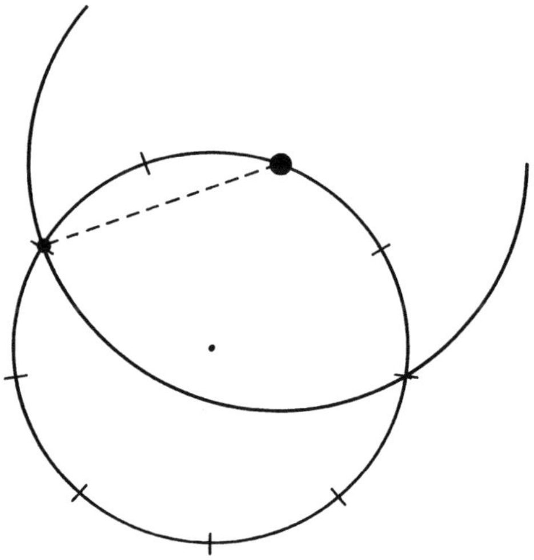

3.

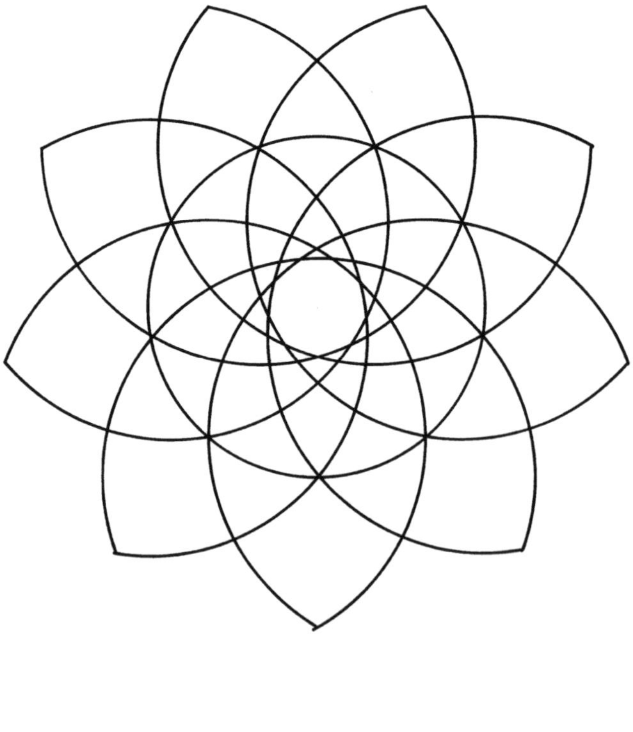

4.

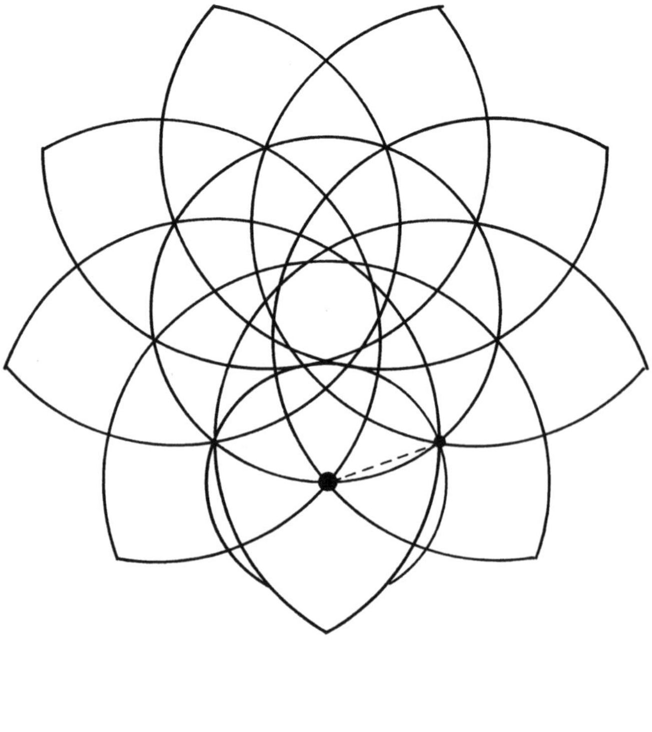

九回対称形

1. A4 用紙の中央に半径 4.5 cm の円を描きます（A3 用紙を使用する場合の円の半径は 46 ページの表を参照してください）。A4 用紙を使用している場合は、次にコンパスを 3.1 cm に開いて、この半径で円周上の任意の点から短い弧を描き、はじめの円の円周との交点をとります。この交点から同様に短い弧を描き、円周上に次の交点をとります。これを繰り返して円周上に 9 つの点をとります。

2. この 9 点のうち、1 つおきの 2 点の距離を半径とした大きな弧を描きます（左図 2 参照）。

3. ステップ 2 で選んだ任意の点以外の 8 点を中心とする弧を描き足します。

4. 最初に描いた円周上の 9 点のうち、となりあった 2 点の距離を半径とした長い弧を描きます（左図 4 参照）。その半径を保ったまま、他の 8 点を中心とする長い弧を 8 つ描きます。

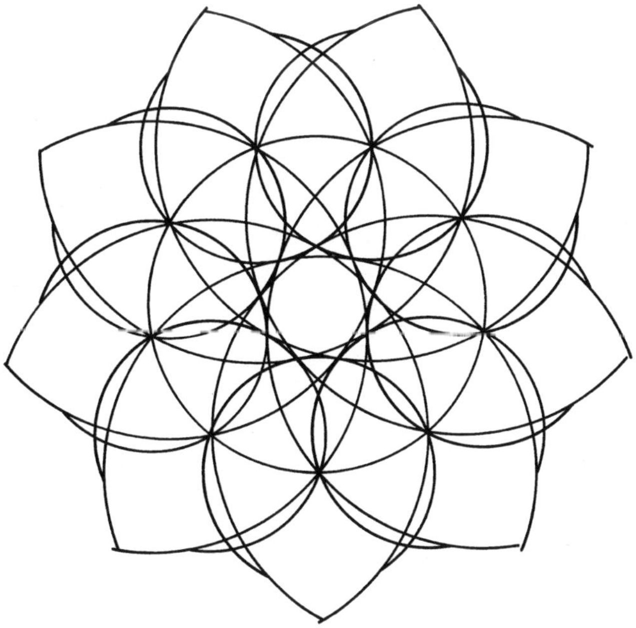

十回对称形

1.

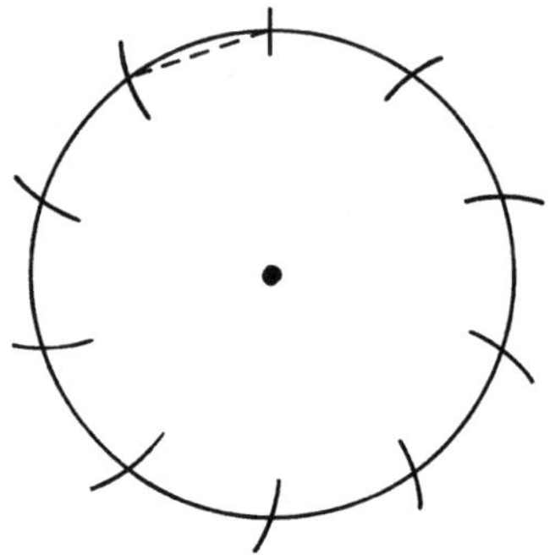

2.

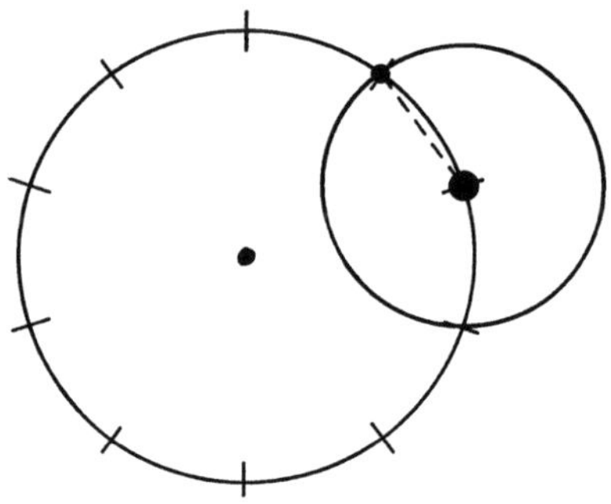

3.

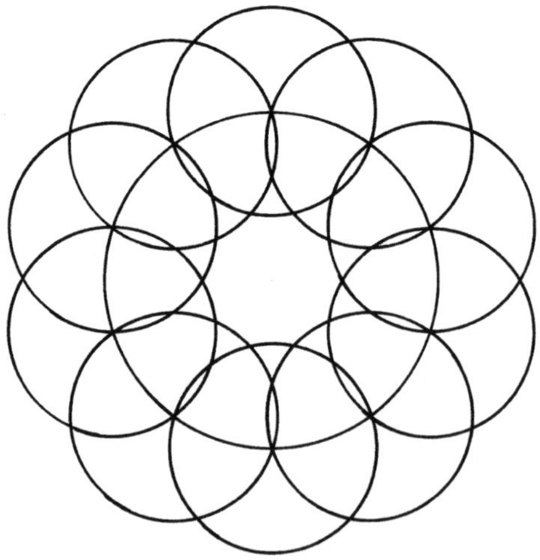

4.

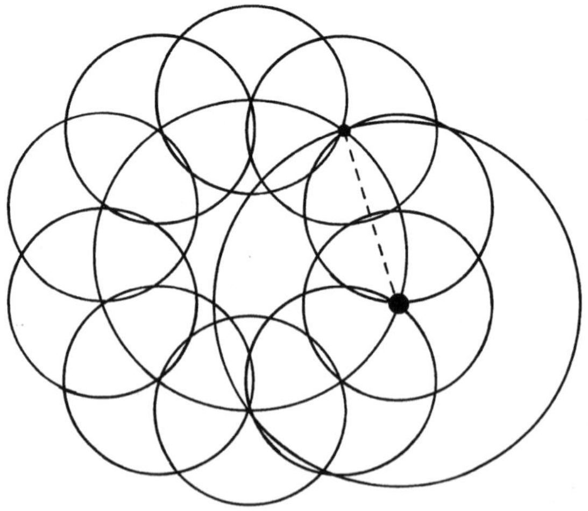

十回対称形

1. 紙の中央に円を描きます（（A4 用紙に描く場合、半径 4.3 cm の円が目安になります）。円を十等分します。円を十等分するには 41～43 ページを参考に描く方法と、46 ページの表に記載された半径の長さを使う方法があります。46 ページの表の半径を使う場合は、まず円周上の任意の点から短い弧を描き、はじめの円の円周との交点をとります。この交点から同様に短い弧を描き、円周上に次の交点をとります。これを繰り返して円周上に 10 個の点をとります。

2. コンパスを同じ半径に保ったまま、10 点のうちの任意の点を中心として次の円を描きます。

3. ステップ 2 で選んだ任意の点以外の 9 点を中心とする円を描き足します。

4. 最初に描いた円周上の 10 点のうち、1 つおきの 2 点の距離を半径とする大きな円を描きます（左図 4 参照）。その半径を保ったまま、他の 9 点を中心とする大きな円を 9 つ描きます。

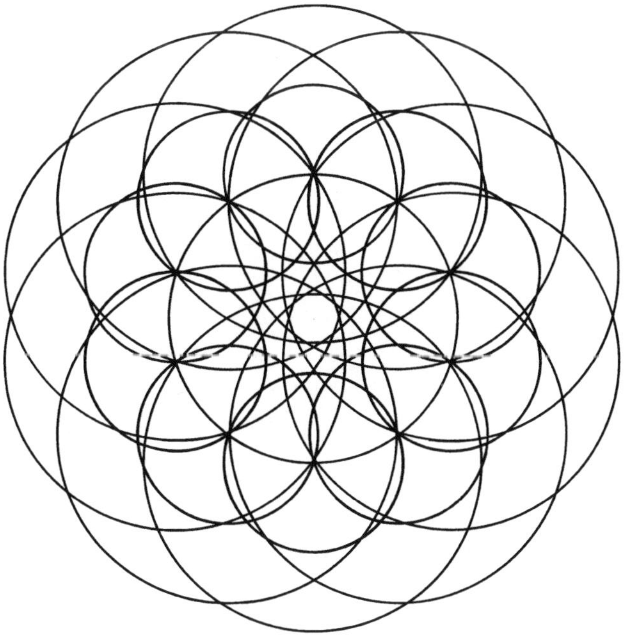

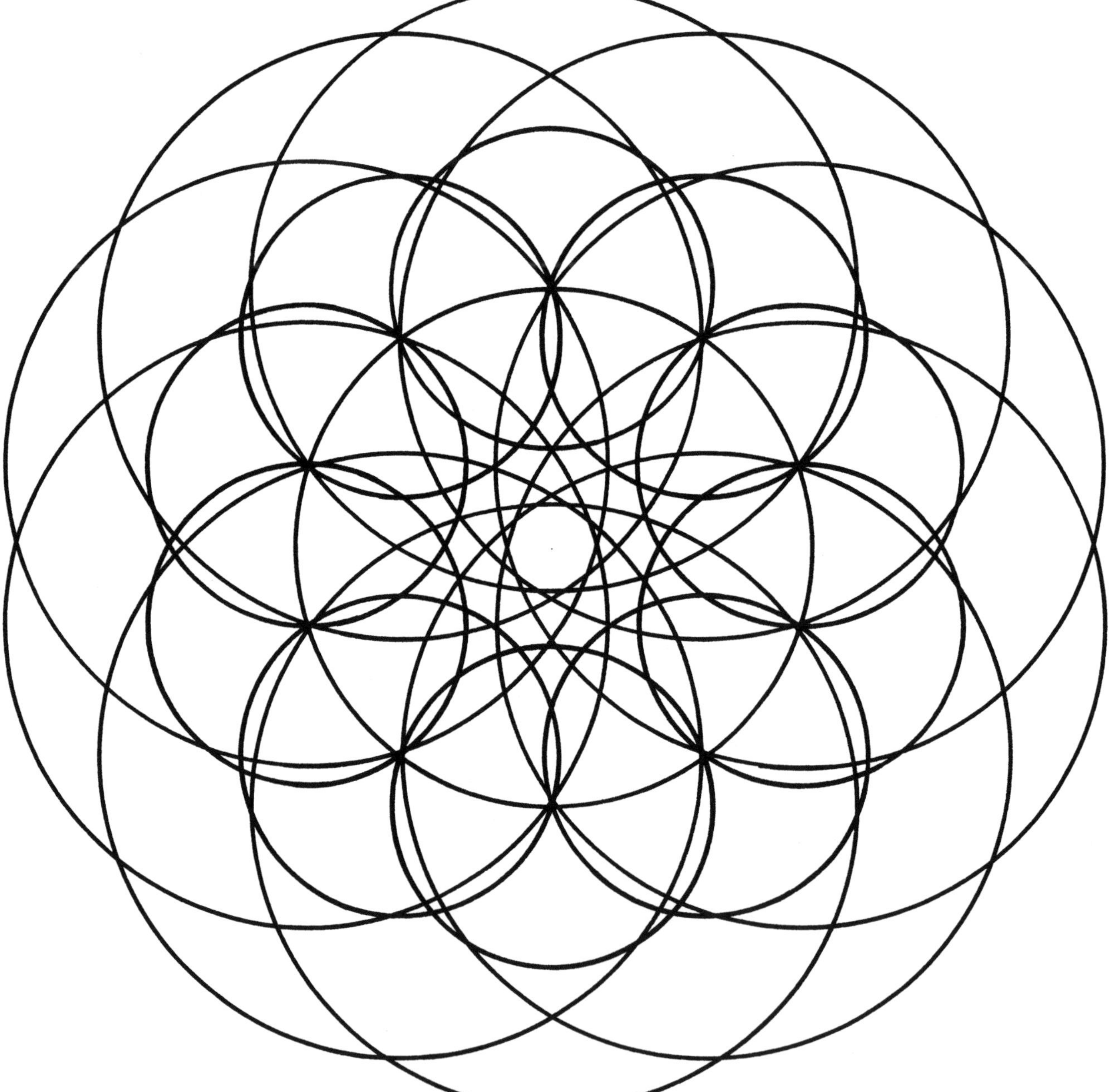

十回対称形

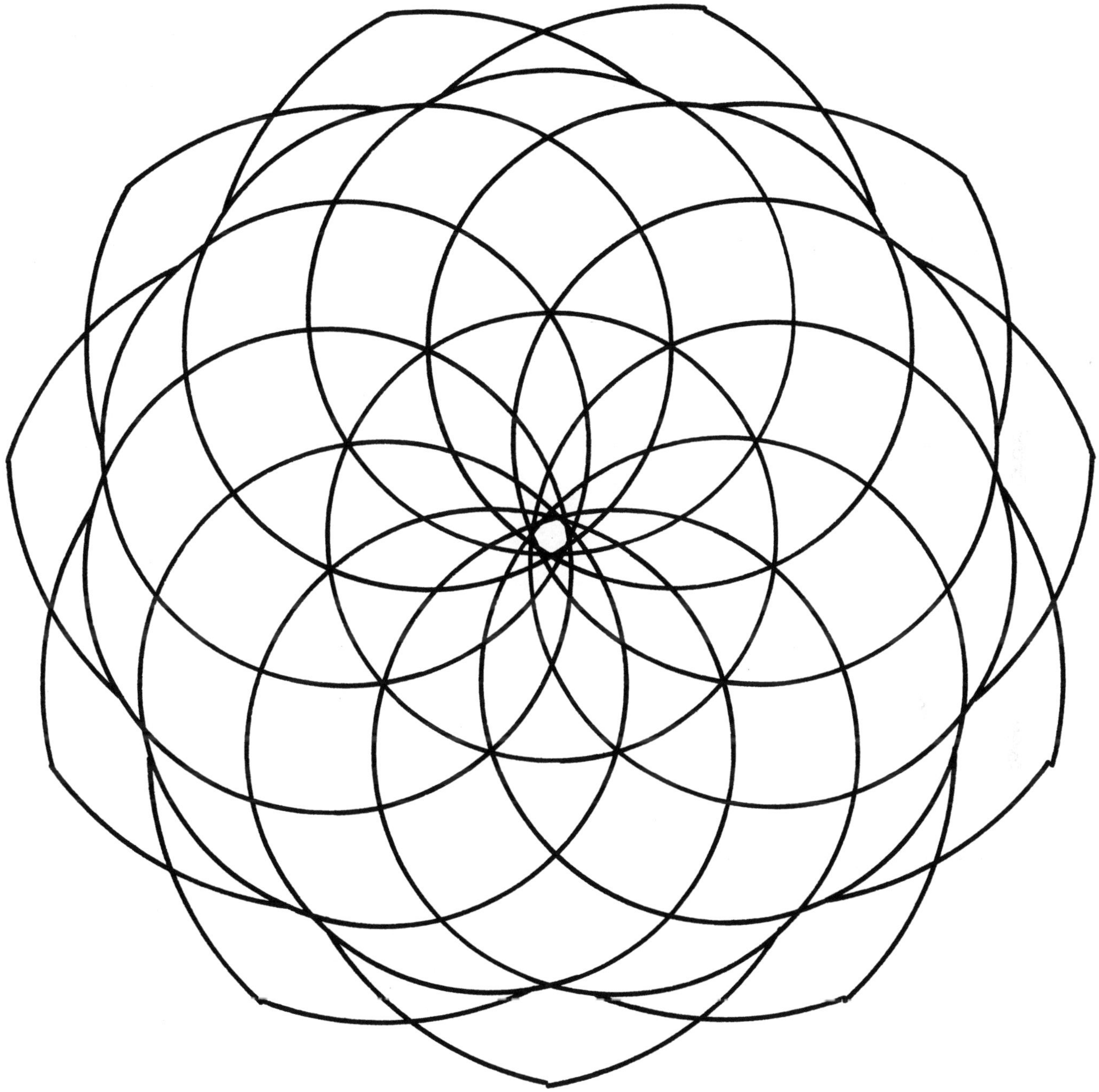

十一回对称形

十一回对称形

1.

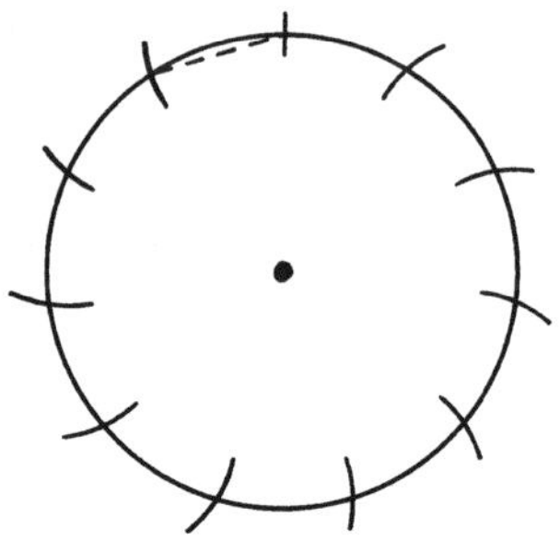

2.

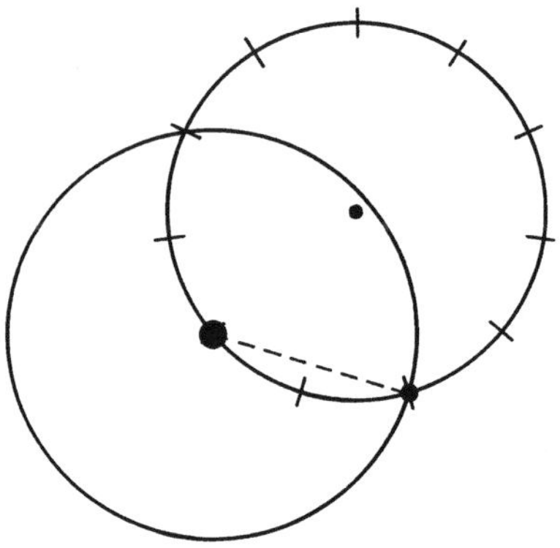

3.

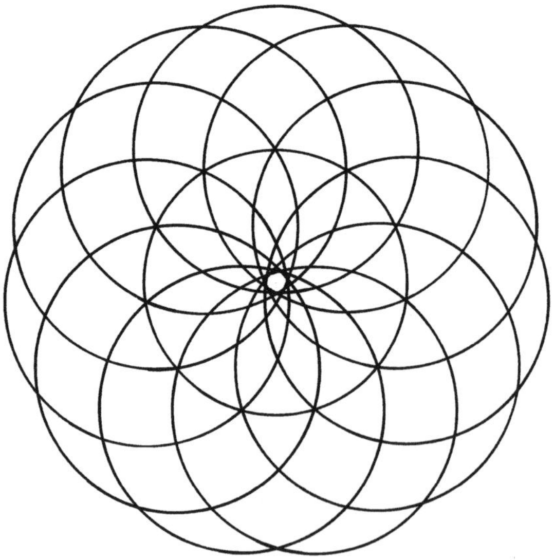

4.

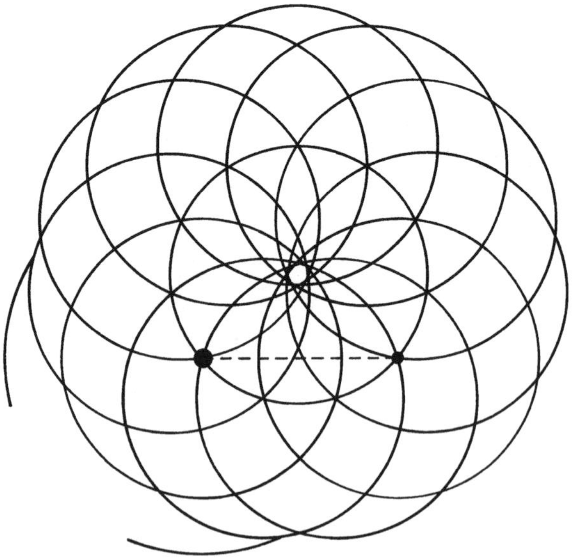

十一回対称形

1. A4 用紙の中央に半径 3.5 cm の円を描きます（A3 用紙を使用する場合の円の半径は 46 ページの表を参照してください）。A4 用紙を使用している場合は、次にコンパスを 2.0 cm に開いて、この半径で円周上の任意の点から短い弧を描き、はじめの円の円周との交点をとります。この交点から同様に短い弧を描き、円周上に次の交点をとります。これを繰り返して円周上に 11 個の点をとります。

2. この 11 点のうち、1 つおきの 2 点の距離を半径とした円を描きます。

3. ステップ 2 で選んだ任意の点以外の 10 点を中心とする円を描き足します。

4. 最初に描いた円周上の 11 点のうち、2 つおきの 2 点の距離を半径とした弧を 2 つ描きます（左図 4 参照）。その半径を保ったまま、他の 10 点を中心とする弧を 20 個描きます。

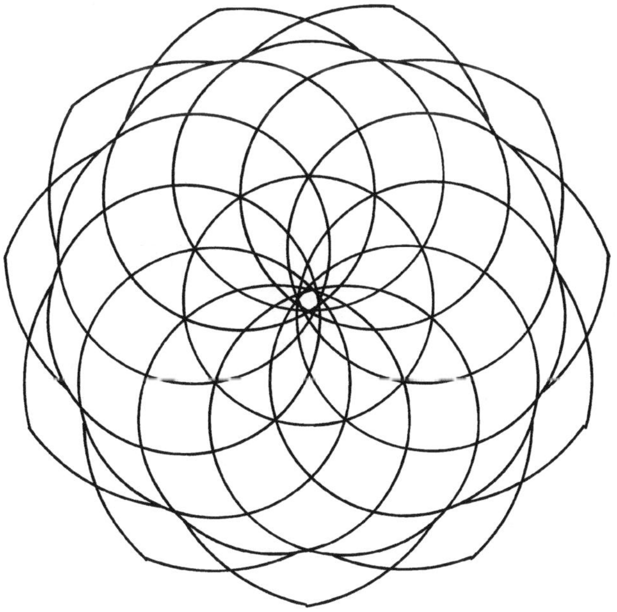

十二回对称形

1.

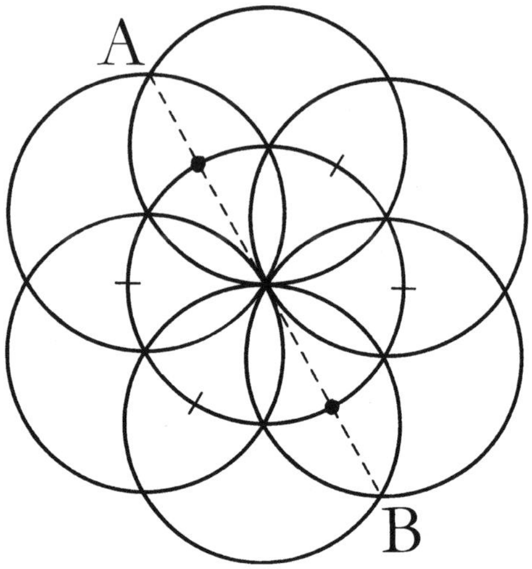

2.

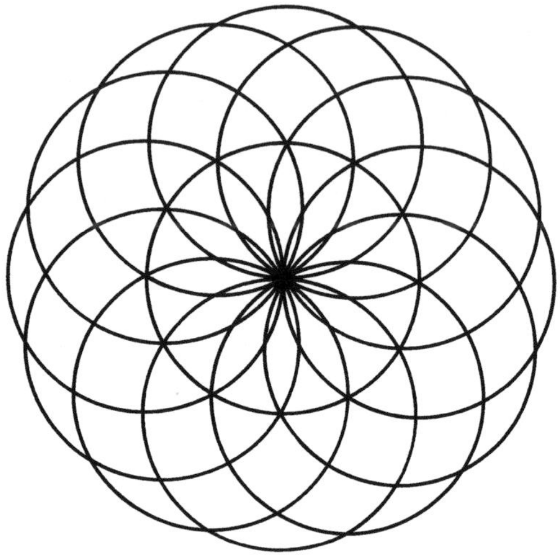

3.

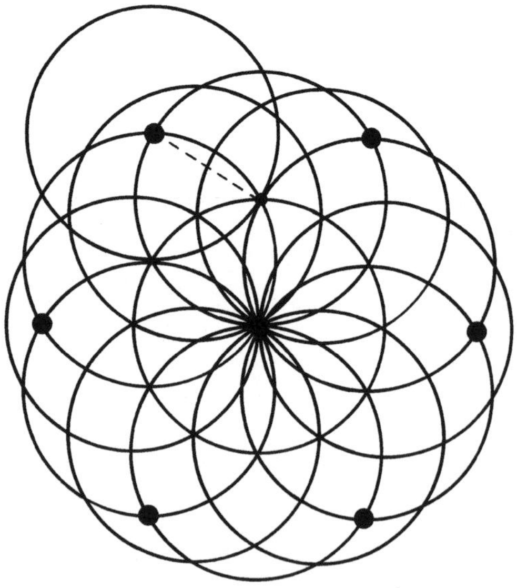

4.

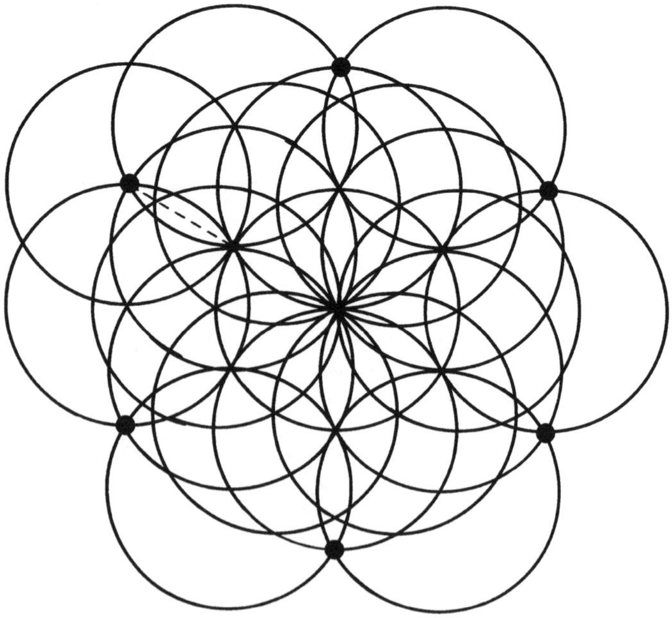

十二回対称形

A4 用紙を使うときはコンパスを 2.9 cm に開きます。この長さは最後まで変えません。まず、六回対称形 II（18～19 ページ）のステップ 1～3 まで描きます。

1. 最初の円の中心と、図形の外周上にある点 A、B を通るように定規を置きます。最初の円と交わる 2 点に印をつけます。これをあと 2 回繰り返して、最初に描いた円周上に 6 つの点をとります。

2. ステップ 1 でとった 6 点のそれぞれを中心として、円を 6 つ描きます。

3. 図形の外周に近い交点（左図 3 参照）を中心として円を描きます。左図 3 を参照にして、図形の外周に近いあと 5 点を中心とする円も描きます。

4. ステップ 3 で描いた円のそれぞれ交わった点のうち、図形の外周上にある点（左図 4 参照）を中心として円を 6 つ描きます。

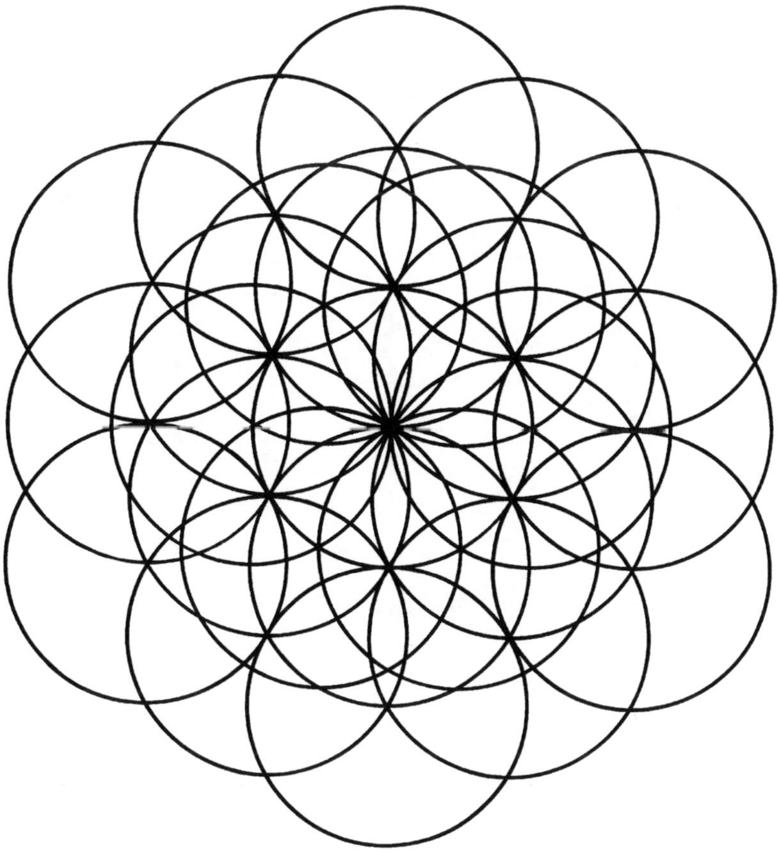

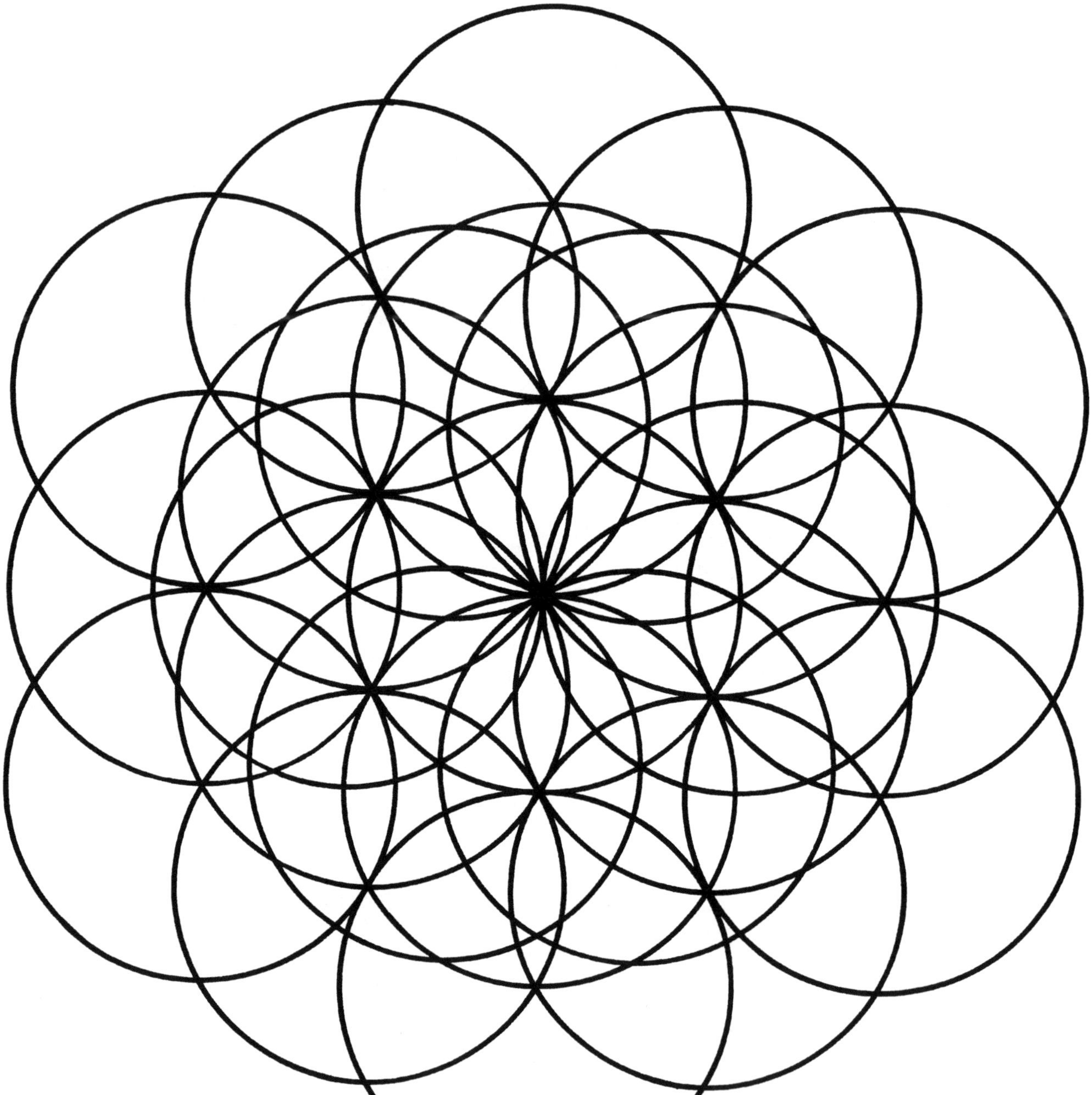

十二回对称形

コンパスによる円の五等分、十等分の作図方法

1. 円を描き、中心 O をとります。O を通る直線をひいて円との交点 A、B をとります。点 A を中心にして、コンパスの幅を任意に広げ、円の上と下に短い弧を描きます。同じ半径を保ったまま、点 B を中心にして円の上と下に短い弧を描き、2 つの交点をとります（図 1 参照）。その 2 つの交点を直線で結び、線分 AB の垂直二等分線をひきます。

2. コンパスを最初の円の半径の長さに戻して、点 B を中心として弧を描きます（図 2 参照）。その弧が最初の円と交わる 2 つの交点 C、D を直線で結んで、はじめの円の半径を二等分します。

1.

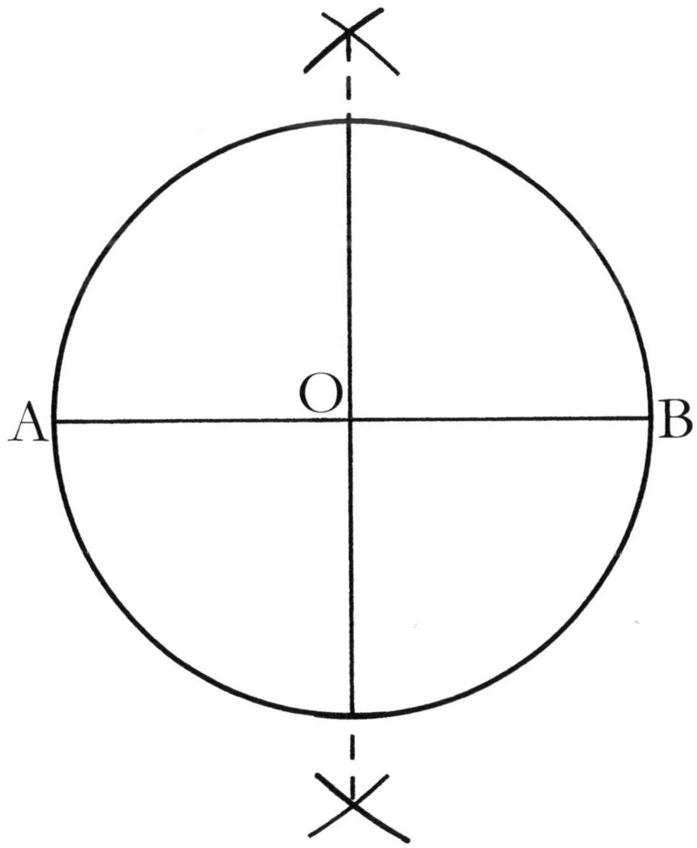

2.

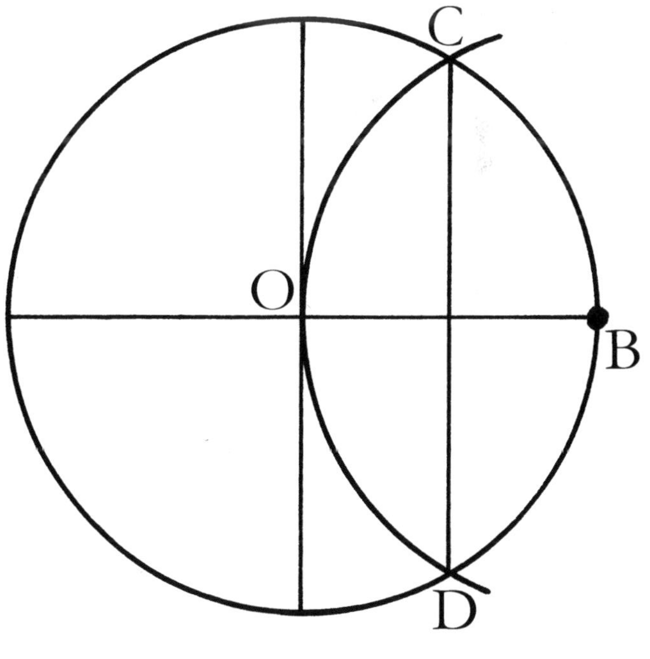

3. 線分 CD と線分 AB の交点を中心とし、その点と点 E の長さ（図 3 の破線）を半径として弧を描き、線分 AB との交点 F をとります。

4. 点 E を中心として線分 EF（図 4 の破線）を半径とした弧を描き、はじめの円との交点 G、H をとります。

3.

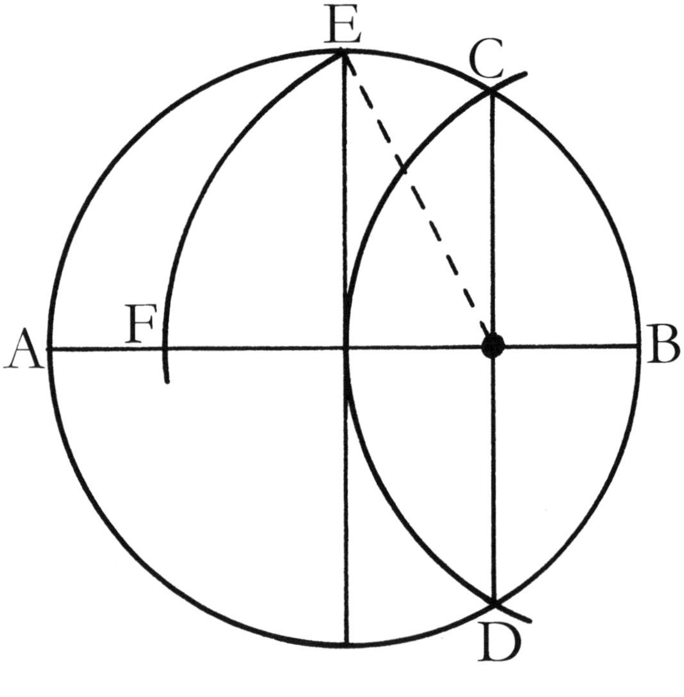

4.

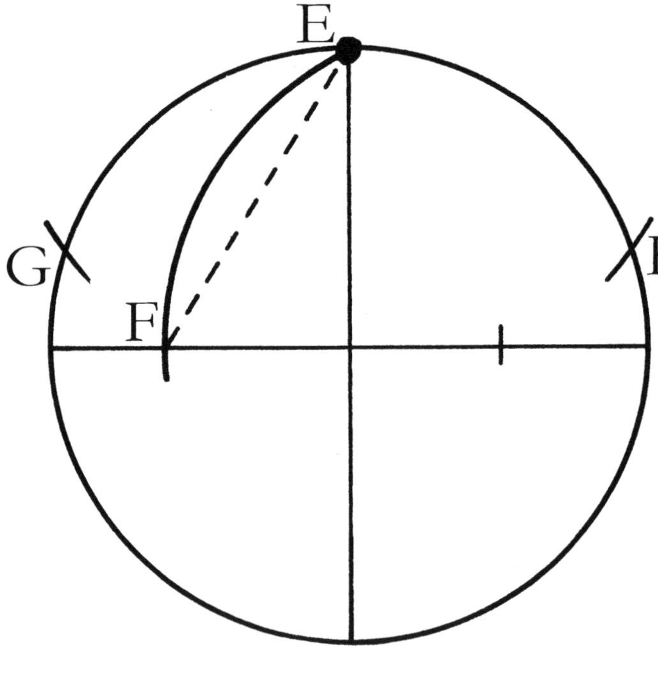

5. コンパスを同じ半径に保ったまま、点 G を中心として短い弧を描き、円周との交点をとります。点 H からも同様に弧を描き、円周との交点をとります。これで円の五等分が完成です。

6. この円の五等分は、十回対称形を描くときに必要になります。円の中心と五等分点のいずれかを通るように定規を置き（図 6 の破線）、円周上に定めた五等分点の向かい側に点をとります。残りの 4 点にも繰り返して、円周上にさらに 4 つの点をとり、円を十等分する点を定めます。

5.

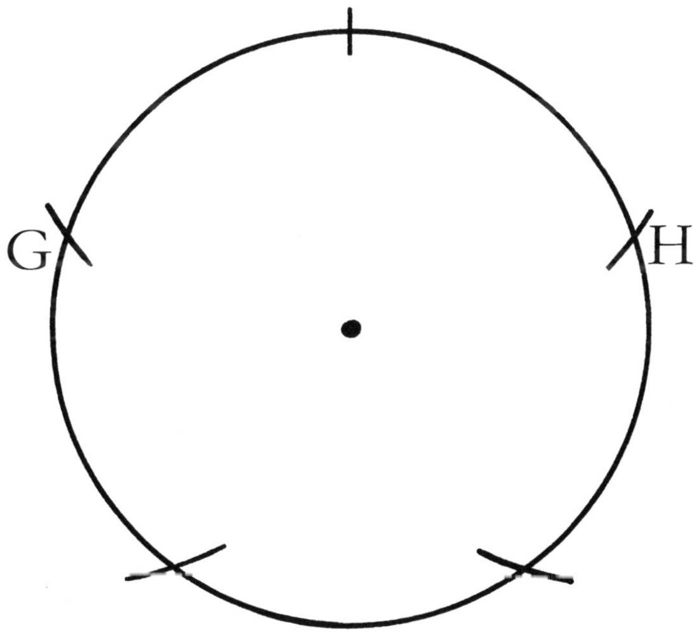

6.

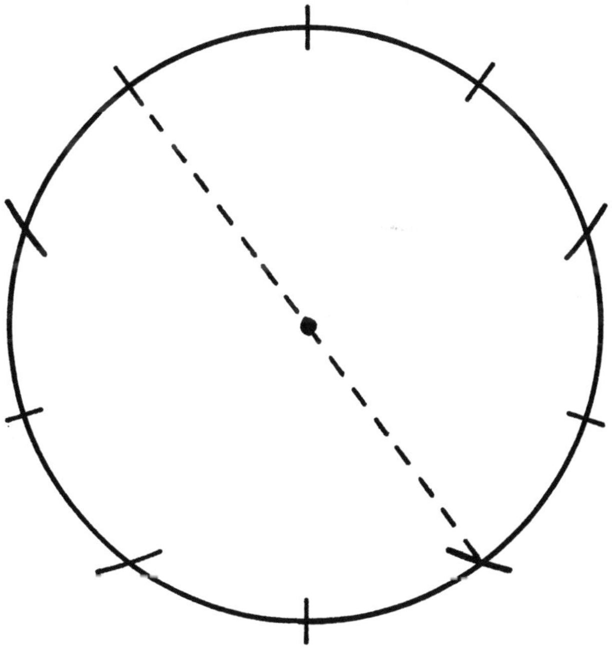

コンパスによる円の四等分、八等分の作図方法

1. 円を描き、中心 O をとります。O を通る直線をひいて円との交点 A、B をとります。点 A を中心にして、コンパスの幅を任意に広げ、円の上と下に短い弧を描きます。同じ半径を保ったまま、点 B を中心にして円の上と下に短い弧を描き、2 つの交点をとります（図 1 参照）。その 2 つの交点を直線で結び、線分 AB の垂直二等分線をひきます。

2. これで円の四等分が完成です（図 2 参照）。

1.

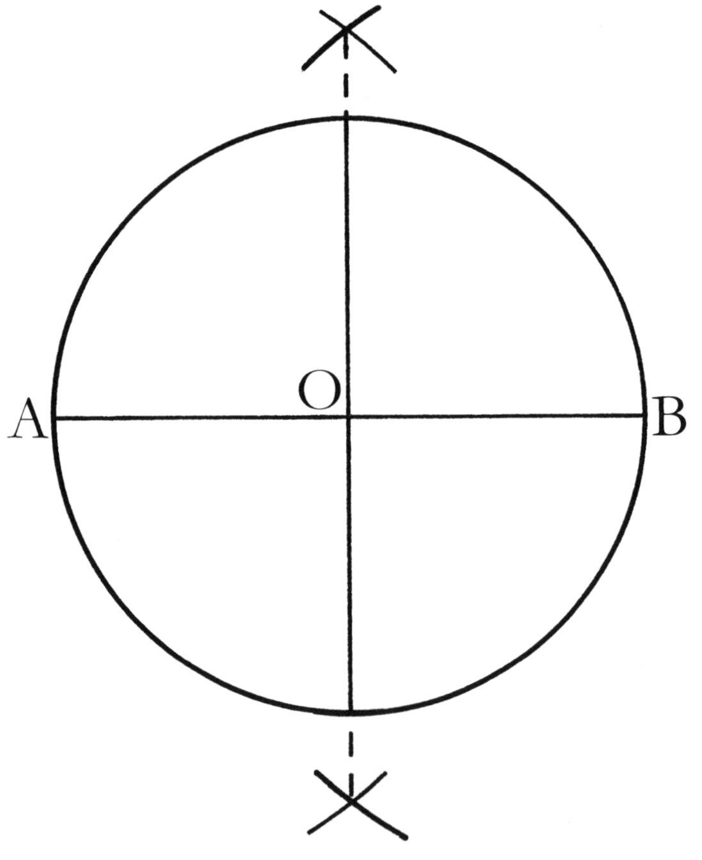

2.

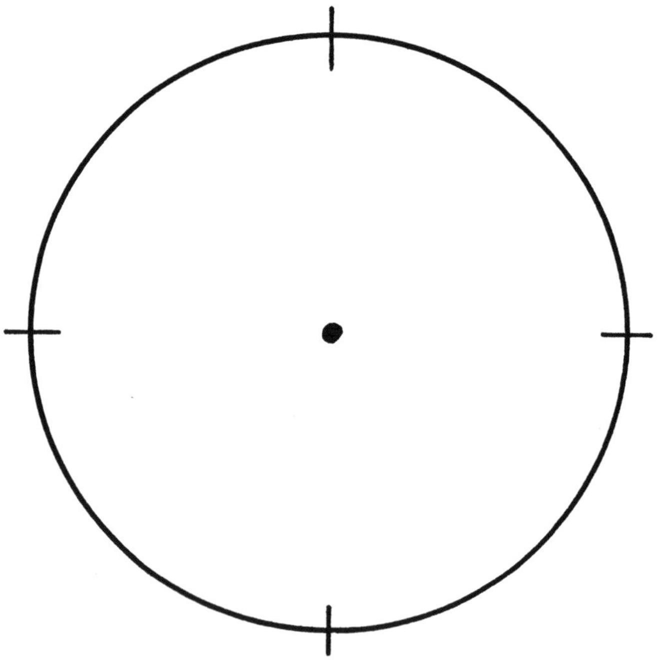

3. この円の四等分は、八回対称形を描くときに必要になります。コンパスを最初の円の半径に戻して、点 A を中心として、円の外側に 2 つの短い弧を描きます（図 3 参照）。点 B、C、D からも同様に円の外側に 2 つの短い弧を描いて、4 つの交点をとります。それぞれ向かい側の交点を直線で結んで円周との交点をとります（図 3 の破線）。

4. これで円の八等分が完成です（図 4 参照）。

3.

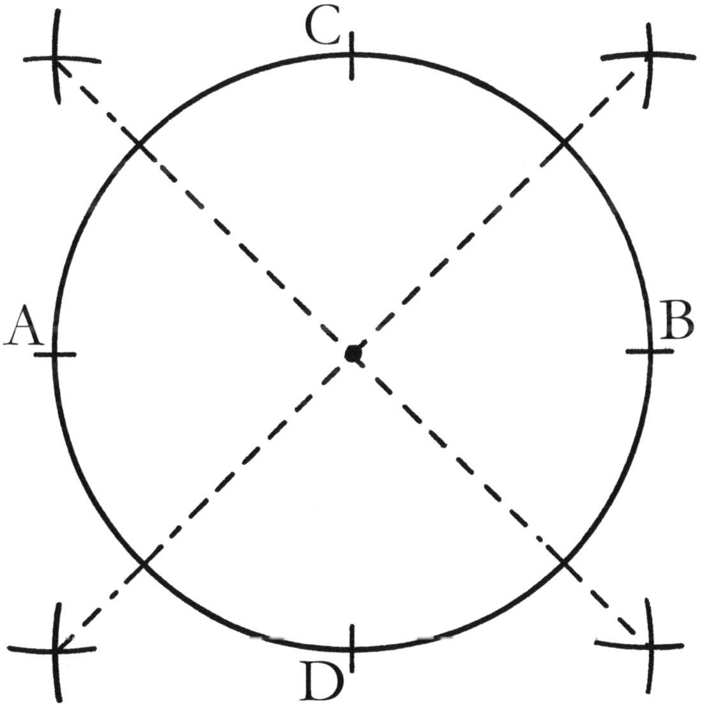

4.

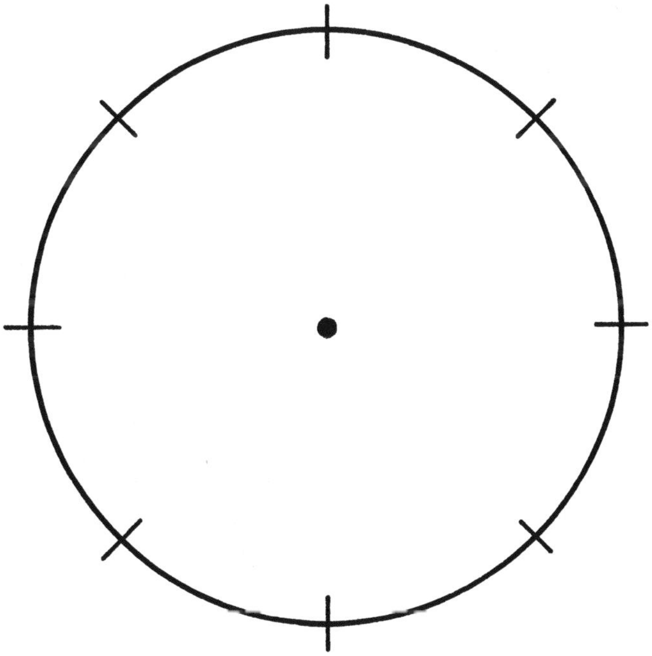

A4、A3 用紙を使用する際の円の半径の長さ

対称形	A4 用紙で最初に描く円の半径	2 番目に描く円の半径
三回	4.5 cm	同じ
四回	4.5 cm	6.4 cm (6.36 cm)
五回	3.9 cm	4.6 cm (4.58 cm)
六回 I	4.5 cm	同じ
六回 II	3.3 cm	同じ
七回	4.3 cm	3.7 cm (3.73 cm)
八回	4.3 cm	3.3 cm (3.29 cm)
九回	4.5 cm	3.1 cm (3.08 cm)
十回	4.3 cm	2.7 cm (2.66 cm)
十一回	3.5 cm	2.0 cm (1.97 cm)
十二回	2.9 cm	同じ

対称形	A3 用紙で最初に描く円の半径	2 番目に描く円の半径
三回	6.3 cm	同じ
四回	6.3 cm	8.9 cm (8.91 cm)
五回	5.5 cm	6.5 cm (6.47 cm)
六回 I	6.3 cm	同じ
六回 II	4.6 cm	同じ
七回	6.0 cm	5.2 cm (5.21 cm)
八回	6.0 cm	4.6 cm (4.59 cm)
九回	6.3 cm	4.3 cm (4.31 cm)
十回	6.0 cm	3.7 cm (3.71 cm)
十一回	4.9 cm	2.8 cm (2.76 cm)
十二回	4.0 cm	同じ

Made in the USA
Monee, IL
04 November 2026

67377651R00030